EUROPA-FACHBUCHREIHE
für Metallberufe

AF810887

Trainer Tabellenbuch Metall

Fit in der Anwendung

5. Auflage

VERLAG EUROPA-LEHRMITTEL · Nourney, Vollmer GmbH & Co. KG
Düsselberger Straße 23 · 42781 Haan-Gruiten

Europa-Nr.: 14030

Autoren:

Marcus Molitor — Warstein-Belecke
Volker Tammen — Wiefelstede

Lektorat:

Roland Gomeringer — Meßstetten

Bildbearbeitung:

Zeichenbüro des Verlages Europa-Lehrmittel, Ostfildern

Maßgebend für die Anwendung der Normen und der anderen Regelwerke sind deren neueste Ausgaben. Sie können durch die DIN Media GmbH, Burggrafenstr. 6, 10787 Berlin, bezogen werden.

Inhalte des Kapitels „Programmaufbau bei CNC-Maschinen nach PAL" richten sich nach Veröffentlichungen der PAL-Prüfungsaufgaben- und Lehrmittelentwicklungsstelle der IHK Region Stuttgart.

Alle Bilder im Buch ohne Quellenangaben wurden vom Zeichenbüro des Verlags Europa-Lehrmittel, Ostfildern oder von den Autoren erstellt und bearbeitet.

5. Auflage 2025
Druck 6 5 4 3 2 1

Alle Drucke dieser Auflage sind im Unterricht parallel einsetzbar, da sie bis auf korrigierte Druckfehler und kleine Normänderungen identisch sind.

ISBN 978-3-7585-1475-3

Bei Fragen zur Produktsicherheit wenden Sie sich bitte an produktsicherheit@europa-lehrmittel.de.

Satz: Satz+Layout Werkstatt Kluth GmbH, 50374 Erftstadt
Umschlag: Zeichenbüro des Verlags Europa-Lehrmittel, Nourney, Vollmer GmbH & Co. KG, 73760 Ostfildern
Umschlagfoto: Sauter Feinmechanik GmbH, 72555 Metzingen; © horizon, KI – stock.adobe.com
Druck: Nikolaus Bastian Druck und Verlag GmbH, 54343 Föhren

Im Rahmen des handlungsorientierten Unterrichts ist das Tabellenbuch Metall eine der Hauptinformationsquellen. Das selbstständige Lernen und Arbeiten erfordert einen sicheren Umgang mit Formeln, Tabellen und Fachinformationen. Dazu gehören neben dem Auffinden von Inhalten auch die Verknüpfung von technischen Werten, die an unterschiedlichen Verweisstellen stehen, sowie der Umgang mit Normen und Normbezeichnungen.

Das vorliegende Buch ist als Arbeits- und Übungsbuch angelegt, um den Umgang mit dem Tabellenbuch Metall zu trainieren und ist in verständlicher Sprache geschrieben. Es soll fit machen in der Anwendung des Tabellenbuches: „Was steht wo?". Auch das Lösungsheft trägt dazu bei, da es, je nach Intention, sofort vom Schüler als Selbstkontrolle oder gezielt vom Lehrer eingesetzt werden kann.

Da das Tabellenbuch Metall oft für Prüfungen verwendet wird, hat der sichere Umgang damit auch Prüfungsrelevanz. Je schneller das Auffinden von Werten und Sachverhalten, umso mehr Zeit bleibt zur Lösung von Problemen.

Das Trainingsbuch ist an das Tabellenbuch angelehnt und übernimmt dessen Reihenfolge und Inhalte. Es enthält Aufgaben und Fragen zu fast allen Themen des Tabellenbuches. Außerdem werden neben einem Vorspannkapitel zum „Umgang mit Formeln und Tabellen" am Ende des Arbeitsbuches kleinere Projekte zur Bearbeitung angeboten, wie sie in Lernfeldern, Lernsituationen oder Prüfungen vorkommen.

Fachthemen und Projekte sind jeweils auf einem Blatt mit Vorder- und Rückseite dargestellt.

Zielgruppen dieses Trainingsbuches sind alle Auszubildenden der Metallberufe aus Handwerk und Industrie, wie z. B. Fachwerker der Metalltechnik, Industriemechaniker, Werkzeugmechaniker, Feinwerkmechaniker und Zerspanungsmechaniker oder Technische Produktdesigner. Aber auch Bildungsgänge zur beruflichen Erstqualifizierung, verschiedene Fachschulen, Berufskollegs, Berufsoberschulen und Berufliche Gymnasien wenden das Buch als Übungsmaterial zum Umgang mit dem Tabellenbuch Metall an.

Die Lösungen der Aufgaben werden in einem separaten Lösungsheft angeboten. Dieses beinhaltet die richtige Antwort der Auswahlantworten und bei offenen Fragen eine Lösung mit verkürztem Lösungsweg.

In der **5. Auflage** hat sich am bewährten Aufbau des Buches nichts geändert. Neben redaktionellen Korrekturen wurden der Inhalt des Buches und die Lösungen der Aufgaben an die 50. Auflage des Tabellenbuches Metall angepasst. Neue Normen finden entsprechend Berücksichtigung. Ergänzt wurde das Kapitel **Projekte** durch ein Projekt mit einfachen Aufgaben zur **Festigkeitsberechnung** sowie durch ein Projekt zur **hydraulischen Steuerung**.

Hinweise, die zur Verbesserung und Erweiterung dieses Buches beitragen, nehmen wir dankbar entgegen. Verbesserungsvorschläge können dem Verlag und damit den Autoren unter der Verlagsadresse oder per E-Mail (lektorat@europa-lehrmittel.de) gerne mitgeteilt werden.

Sommer 2025 — Autoren und Verlag

Inhaltsverzeichnis

Umgang mit Formeln

Beispiel 1

Gegeben ist ein Zylinder aus Aluminium mit einem Durchmesser $d = 20$ mm und der Höhe $h = 50$ mm. Berechnen Sie die Masse m in kg des Bauteils.

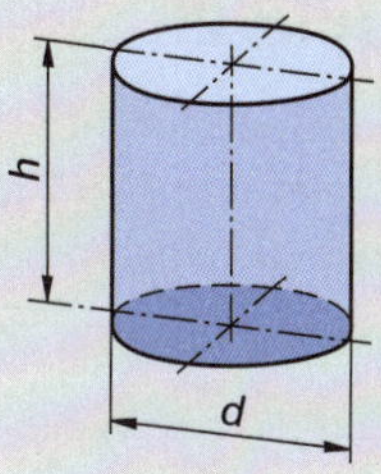

Schritt 1

Im Sachwortverzeichnis TM wird unter dem Begriff **„Masse, Berechnung"** auf Seite 27 verwiesen. Dort ist folgende Formel zu finden:

$$m = V \cdot \varrho$$

Zur Berechnung der Masse benötigt man also das Volumen V und die Dichte ϱ.

Schritt 2

Im Sachwortverzeichnis TM wird unter dem Begriff **„Volumen, Berechnung"** auf Seite 25 verwiesen. Dort ist folgende Formel für die Volumenberechnung eines Zylinders zu finden:

$$V = \frac{\pi \cdot d^2}{4} \cdot h$$

Unter Verwendung der Formel in Kombination mit dem gegebenen Durchmesser $d = 20$ mm und der Höhe $h = 20$ mm kann nun das Volumen des Zylinders berechnet werden.

$$V = \frac{\pi \cdot d^2}{4} \cdot h = \frac{\pi \cdot (20\ \text{mm})^2}{4} \cdot 50\ \text{mm} = 15708\ \text{mm}^3 = \mathbf{0{,}015708\ dm^3}$$

Schritt 3

Im Sachwortverzeichnis TM wird unter dem Begriff **„Dichte, Werte"** auf Seite 132 verwiesen. Dort ist in der Tabelle „Stoffwerte von festen Stoffen" für den Stoff Al, also Aluminium (Al), eine Dichte von ϱ **= 2,7 kg/dm³** aufgeführt.

Schritt 4

Nun sind alle Werte für die Berechnung der Masse mit der Formel aus **Schritt 1** vorhanden. Es ergibt sich folgende Rechnung:

$$m = V \cdot \varrho = 0{,}015708\ \text{dm}^3 \cdot 2{,}7\ \frac{\text{kg}}{\text{dm}^3} = \mathbf{0{,}042\ kg}$$

Antwort: Die Masse des Zylinders beträgt *m* = 0,042 kg.

TM = Tabellenbuch Metall

Umgang mit Formeln

Beispiel 2

An der Spannung $U = 230\,V$ liegen zwei parallel geschaltete Lampen mit den Widerständen $R_1 = 718\,\Omega$ und $R_2 = 522\,\Omega$. Wie groß sind die Teilstromstärken I_1 und I_2 sowie die Gesamtstromstärke I in A und der Gesamtwiderstand R in Ω?

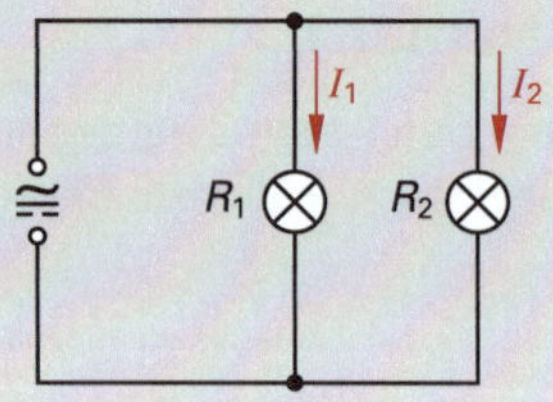

Schritt 1

Im Sachwortverzeichnis TM wird unter dem Begriff **„Parallelschaltung"** auf Seite 56 und unter dem Begriff **„Ohmsches Gesetz"** auf Seite 55 verwiesen. Dort sind folgende Formeln zu finden:

Ohmsches Gesetz: $I = \frac{U}{R}$

Gesamtstrom: $I = I_1 + I_2 + \ldots$

Gesamtwiderstand: $R = \frac{R_1 \cdot R_2}{R_1 + R_2}$

Die Teilströme I_1 und I_2 müssen mithilfe des Ohmschen Gesetzes berechnet werden, welche dann zur Berechnung des Gesamtstroms I benötigt werden. Der Gesamtwiderstand R kann mit den Angaben aus der Aufgabenstellung berechnet werden.

Schritt 2

Auf der Seite 56 TM wird im Abschnitt „Parallelschaltung von Widerständen" mit der Formel $\boldsymbol{U = U_1 = U_2 = \ldots}$ angegeben, dass die Spannung an den Widerständen einer Parallelschaltung stets gleich sind. Daher können die Teilströme nun mit dem Ohmschen Gesetz bestimmt werden.

$$I_1 = \frac{U}{R_1} = \frac{230\,V}{718\,\Omega} = \mathbf{0{,}32\,A} \qquad I_2 = \frac{U}{R_2} = \frac{230\,V}{522\,\Omega} = \mathbf{0{,}44\,A}$$

Schritt 3

Mit den ermittelten Teilströmen wird nun der Gesamtstrom berechnet.

$$I = I_1 + I_2 = 0{,}32\,A + 0{,}44\,A = \mathbf{0{,}76\,A}$$

Schritt 4

Als letzter Schritt folgt nun die Bestimmung des Gesamtwiderstands.

$$R = \frac{R_1 \cdot R_2}{R_1 + R_2} = \frac{718\,\Omega \cdot 522\,\Omega}{718\,\Omega + 522\,\Omega} = \mathbf{302{,}25\,\Omega}$$

Antwort: Die Teilstromstärken betragen I_1 = 0,32 A und I_2 = 0,44 A, woraus sich der Gesamtstrom I = 0,76 A ergibt. Der Gesamtwiderstand beträgt R = 302,25 Ω.

Umgang mit Tabellen

Beispiel 1

Für eine Schraubenverbindung soll eine Senkschraube ISO 10642 – M6 x 60 – 8.8 verwendet werden. Bestimmen Sie zur Herstellung der Bohrung den Durchmesser d_1 des Durchgangslochs und für die Senkung die erforderliche Tiefe t_1.

Schritt 1

Im Sachwortverzeichnis TM wird unter dem Begriff **„Senkschraube, …"** auf Seite 233 f. verwiesen. Den Tabellen ist zu entnehmen, dass es sich um eine **„Senkschraube mit Innensechskant"** handelt. Der Winkel des Schraubenkopfes beträgt 90°.

Senkschrauben mit Innensechskant — vgl. DIN EN ISO 10642 (2020-02), Ersatz für DIN 7991

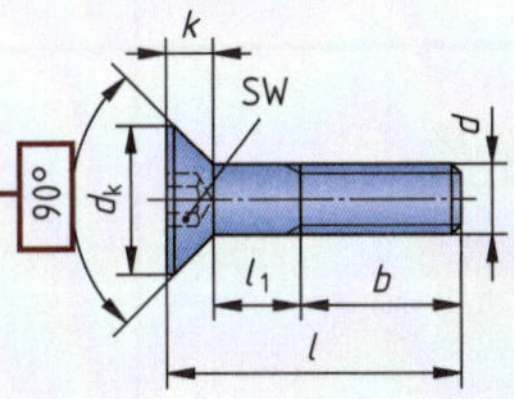

Produktklasse A (Seite 228)

Gewinde d	M3	M4	M5	M6	M8	M10	M12	M16	M20
SW	2	2,5	3	4	5	6	8	10	12
d_k	5,5	7,5	9,4	11,3	15,2	19,2	23,1	29	35,4
k	1,9	2,5	3,1	3,7	5	6,2	7,4	8,8	10,2
b	18	20	22	24	28	32	36	44	52
für l	≥ 30	≥ 30	≥ 35	≥ 40	≥ 50	≥ 55	≥ 65	≥ 80	100
l_1	1,5	2,1	2,4	3	3,8	4,5	5,3	6	7,5
für l	≤ 25	≤ 25	≤ 30	≤ 35	≤ 45	≤ 50	≤ 60	≤ 70	≤ 90
l von	8	8	8	8	10	12	20	30	35
l bis	30	40	50	60	80	100	100	100	100
Festigkeitskl.	8.8, 10.9, 12.9								
Nennlängen l	8, 10, 12, 16, 20, 25, 30, 35, 40, 45, 50, 55, 60, 65, 70, 80, 90, 100 mm								
⇒	**Senkschraube ISO 10642 – M5 x 30 – 8.8:** d = M5, l = 30 mm, Festigkeitsklasse 8.8								

Senkungen für Senkschrauben

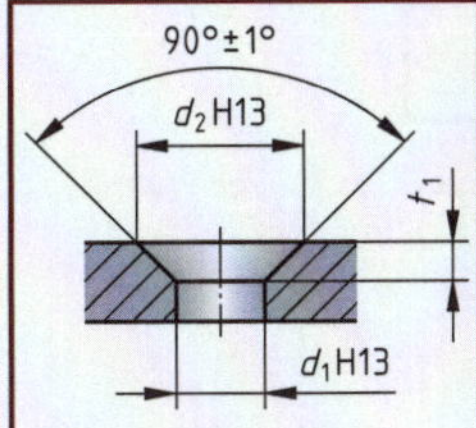

Form A und Form F

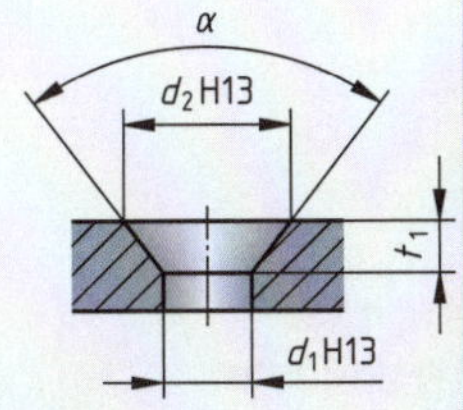

Form E

Zeichnerische Darstellung: Seite 84

Formen B, C und D nicht mehr genormt

	Gewinde-Ø	1,6	2	2,5	3	4
Form A	d_1 H13[1]	1,8	2,4	2,9	3,4	4,5
Form A	d_2 H13	3,7	4,6	5,7	6,5	8,6
Form A	t_1 ≈	0,9	1,1	1,4	1,6	2,1
	⇒	**Senkung DIN 74 – A4:** Form A, Ge				
	Anwendung der Form A für:	Senk-Holzschrauben Linsensenk-Holzschrauben				

	Gewinde-Ø	(10)	12	16
Form E	d_1 H13[1]	10,5	13	17
Form E	d_2 H13	19	24	31
Form E	t_1 ≈	5,5	7	9
Form E	α	75° ± 1°		
	⇒	**Senkung DIN 74 – E12:** Form E, Ge Durchmesser in Klammern sind in		
	Anwendung der Form E für:	Senkschrauben für Stahlkonstrukti		

	Gewinde-Ø	~~3~~	~~4~~	~~5~~	6
Form F	d_1 H13[1]	~~3,4~~	~~4,5~~	~~5,5~~	6,6
Form F	d_2 H13	6,9	9,2	11,5	13,7
Form F	t_1 ≈	~~1,8~~	~~2,3~~	~~3,0~~	3,6
	⇒	**Senkung DIN 74 – F12:** Form F, Gew			
	Anwendung der Form F für:	Senkschrauben mit Innensechskant			

[1] Durchgangsloch mittel nach DIN EN 20273, Seite 22

Schritt 2

Im Sachwortverzeichnis TM wird unter dem Begriff **„Senkungen für Senkschrauben"** auf Seite 244 verwiesen. Es muss eine Senkung der Form F hergestellt werden, da eine Senkschraube mit Innensechskant verwendet wird. Des Weiteren besitzt die Schraube einen Gewindedurchmesser d = M6.

Daraus ergibt sich folgendes Ergebnis:

Der Durchmesser beträgt d_1 = 6,6 mm, die Tiefe der Senkung t_1 ≈ 3,6 mm.

Umgang mit Tabellen

Beispiel 2

Die skizzierte Welle-Nabe-Verbindung erfolgt durch eine Passfeder DIN 6885 der Form A mit einer Länge l = 25 mm. Der Wellendurchmesser beträgt d_1 = 17 mm. Die Passfeder hat in der Welle festen und in der Nabe leichten Sitz.

1) Wählen Sie eine geeignete Passfeder.
2) Bestimmen Sie die Fertigungsmaße *b*, *l* und t_1 für die Wellennut.

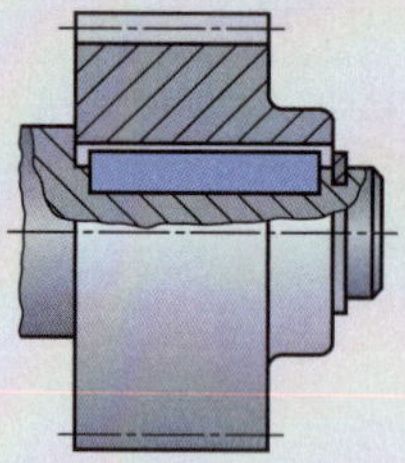

Schritt 1

Im Sachwortverzeichnis TM wird unter dem Begriff **„Passfedern"** und im Normenverzeichnis unter **„DIN 6885"** auf Seite 261 verwiesen.

Schritt 2

Um den geforderten festen Sitz der Passfeder in der Wellennut zu gewährleisten, wird mit der Toleranz P9 gefertigt. Die zulässige Abweichung der Wellennuttiefe t_1 beträgt +0,1 mm, die der Nutlänge beträgt l +0,2 mm.

Passfedern (hohe Form) vgl. DIN 6885-1 (2021-11)

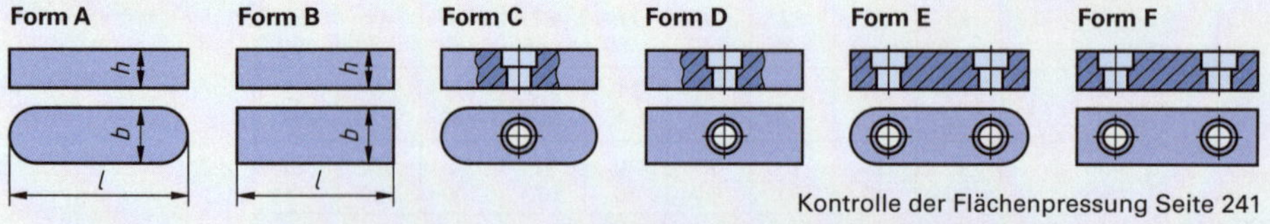

Kontrolle der Flächenpressung Seite 241

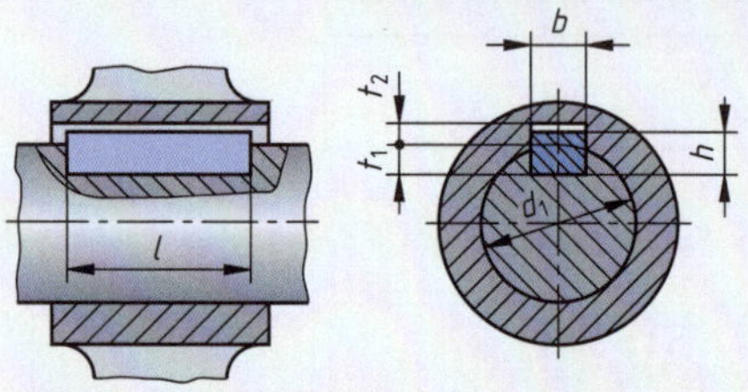

Toleranzen für Passfedernuten

Wellennutenbreite *b* für gefräste Nuten		fester Sitz[1)] leichter Sitz[2)]		P 9 N 9
Nabennutenbreite *b* für gefräste Nuten		fester Sitz[1)] leichter Sitz[2)]		P 9 JS 9
zul. Abweichung bei d_1		≤ 22	≤ 130	> 130
Wellennutentiefe t_1		+ 0,1	+ 0,2	+ 0,3
Nabennutentiefe t_2		+ 0,1	+ 0,2	+ 0,3
zul. Abweichung bei Länge l		6 … 28	32 … 80	90 … 400
Längentoleranzen für	Feder	– 0,2	– 0,3	– 0,5
	Nut	+ 0,2	+ 0,3	+ 0,5

d_1 über bis	6 8	8 10	10 12	12 17	17 22	22 30	30 38	38 44	44 50	50 58	58 65	65 75	75 85	85 95	95 110	110 130
b h9 *h* h11	2 2	3 3	4 4	5 5	6 6	8 7	10 8	12 8	14 9	16 10	18 11	20 12	22 14	25 14	28 16	32 18
t_1 t_2	1,2 1	1,8 1,4	2,5 1,8	3 2,3	3,5 2,8	4 3,3	5 3,3	5 3,3	5,5 3,8	6 4,3	7 4,4	7,5 4,9	9 5,4	9 5,4	10 6,4	11 7,4
l von bis	6 20	6 36	8 45	10 56	14 70	18 90	20 110	28 140	36 160	45 180	50 200	56 220	63 250	70 280	80 320	90 360
Nennlängen l	6, 8, 10, 12, 14, 16, 18, 20, 22, 25, 28, 32, 36, 40, 45, 50, 56, 63, 70, 80, 90, 100, 110, 125, 140, 160, 180, 200, 220, 250, 280, 320, 360, 400 mm; 1) wechselnde Belastung; 2) leicht montierbar															
⇒	**Passfeder DIN 6885-1 – A – 12 x 8 x 56**: Form A, *b* = 12 mm, *h* = 8 mm, l = 56 mm															

Schritt 3

Aufgrund der gegebenen Form A und der Länge l = 25 mm ergibt sich folgende geeignete Passfeder: **Passfeder DIN 6885 – A – 5x5x25**.
Die Fertigungsmaße für eine Welle mit dem Durchmesser d_1 = 17 mm lauten wie folgt:

Breite *b* = 5 P9 mm, Wellennuttiefe t_1 = 3 + 0,1 mm, Nutlänge l = 25 + 0,2 mm.

Umgang mit Formeln und Tabellen

Beispiel 1

Eine zylindrische Schraubenzugfeder aus nichtrostendem Federstahldraht DIN EN 10270-3 mit einem Drahtdurchmesser von $d = 2$ mm wird durch ein Gewicht senkrecht nach unten auf Zug belastet. Zu prüfen ist, ob die Feder eine ausreichende Federkraft aufweist, damit sie sich, aufgrund der Gewichtskraft $F_G = 98{,}1$ N, um nicht mehr als $s = 200$ mm längt.

Schritt 1

Im Sachwortverzeichnis TM wird unter dem Begriff **„Federkraft“** auf Seite 35 verwiesen. Dort ist folgende Formel zu finden: $F = R \cdot s$
Zur Berechnung der Federkraft muss nun noch die Federrate R bestimmt werden.

Schritt 2

Im Sachwortverzeichnis TM findet sich der Hinweis **„Federn, Zug-, Druck-, Tellerfedern“** mit dem Verweis auf Seite 263. In der Tabelle **„Zylindrische Schrauben-Zugfedern“** auf Seite 263 ist dem unteren Teil **„Zugfedern aus nichtrostendem Federstahldraht“** die Federrate **$R = 0{,}779$ N/mm** zu entnehmen.

Zylindrische Schrauben-Zugfedern

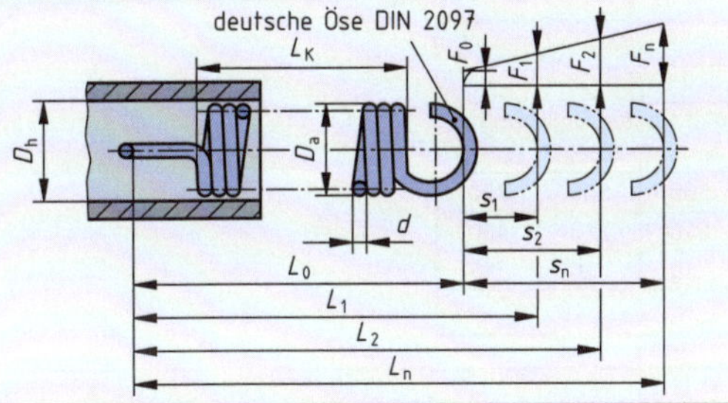

- d Drahtdurchmesser in mm
- D_a äußerer Windungsdurchmesser in mm
- D_h kleinster Hülsendurchmesser in mm
- L_0 Länge der unbelasteten Feder in mm
- L_k Länge des unbelasteten Federkörpers in mm
- L_n größte Federlänge
- F_0 innere Vorspannkraft in N
- F_n größte zulässige Federkraft in N
- R Federrate in N/mm
- s_n größter zulässiger Federweg bei F_n in mm

d	D_a	D_h	L_0	L_k	F_0	F_n	R	s_n
Zugfedern aus patentiert-gezogenem, unlegiertem Federstahldraht[1] vgl. DIN EN 10270-1 (2012-01)								
0,20	3,00	3,50	8,6	4,35	0,06	1,26	0,036	33,37
8,00	80,00	94,00	330,0	228,00	120,00	1627,00	4,065	370,91
Zugfedern aus nichtrostendem Federstahldraht[1] vgl. DIN EN 10270-3 (2012-01)								
0,20	3,00	3,50	8,60	4,35	0,05	0,99	0,031	30,54
0,40	7,00	8,00	12,70	2,60	0,121	3,251	0,142	22,11
0,63	8,60	9,90	19,90	7,88	0,631	9,861	0,237	38,97
0,80	10,80	12,30	25,1	10,20	0,971	15,67	0,305	48,19
1,00	13,50	15,40	31,4	12,50	1,411	23,77	0,390	57,40
1,25	17,20	19,50	39,8	15,63	2,211	35,50	0,458	72,73
1,40	15,00	17,50	34,9	15,05	4,351	55,72	1,371	37,48
1,60	21,60	24,50	50,2	20,00	3,211	56,93	0,623	86,19
2,00	27,00	30,50	62,8	25,00	5,501	84,86	0,779	101,86
4,00	44,00	50,60	117,0	58,00	19,600	366,50	2,593	133,83

Schritt 3

Nun kann die Federkraft bestimmt werden.

$$F = R \cdot s = 0{,}779\,\frac{\text{N}}{\text{mm}} \cdot 200\,\text{mm} = \mathbf{155{,}8\ N}$$

Antwort: Für einen Federweg von $s = 200$ mm wird eine Federkraft $F = 155{,}8$ N benötigt. Da die Gewichtskraft lediglich $F_G = 98{,}1$ N beträgt, ist die Federkraft somit ausreichend.

Umgang mit Formeln und Tabellen

Beispiel 2

Der Deckel eines Druckluftzylinders soll mit acht Zylinderschrauben (Metrisches ISO-Gewinde DIN 13, Festigkeitsklasse 9.8) befestigt werden. Die erwartete Zugbeanspruchung je Schraube beträgt $F = 23$ kN, der vorgegebene Sicherheitsfaktor ist mit $\nu = 2$ angegeben. Welches Gewinde muss die Schraube mindestens besitzen?

Schritt 1

Im Sachwortverzeichnis TM wird unter dem Begriff **„Zugbeanspruchung"** auf Seite 44 verwiesen. Dort sind die folgenden Formeln zu finden:

Erforderliche Querschnittsfläche: $S_{erf} = \frac{F}{\sigma_{z\,zul}}$ Zulässige Zugspannung: $\sigma_{z\,zul} = \frac{R_e}{\nu}$

Um die erforderliche Querschnittsfläche zu erhalten, wird die zulässige Zugspannung $\sigma_{z\,zul}$ benötigt. Hierfür ist zunächst die Streckgrenze R_e über die Festigkeitsklasse zu bestimmen.

Schritt 2

Im Sachwortverzeichnis TM wird unter dem Begriff **„Festigkeitsklassen von Schrauben und Muttern"** auf die Seite 228 verwiesen. Dort befindet sich die Tabelle **„Festigkeitsklassen und Werkstoffkennwerte"**. Dieser ist für die Festigkeitsklasse 9.8 die Streckgrenze $R_e = 720$ N/mm² zu entnehmen.

Festigkeitsklassen und Werkstoffkennwerte

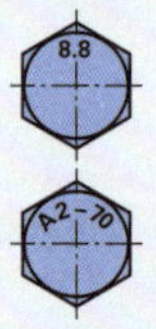

Werkstoffkennwerte	Festigkeitsklassen für Schrauben aus unlegierten und legierten Stählen						nichtrostenden Stählen[1]		
	5.8	6.8	8.8	9.8	10.9	12.9	A2-50	A4-50	A2-70
Zugfestigkeit R_m in N/mm²	500	600	800	900	1000	1200	500	500	700
Streckgrenze R_e in N/mm²	400	480	640	720	900	1080	210	210	450
Bruchdehnung A in %	–	–	12	10	9	8	20	20	13

[1] Die Werkstoffkennwerte gelten für Gewinde ≤ M20.

Schritt 3

Nun können die zulässige Zugspannung und anschließend die erforderliche Querschnittsfläche aus **Schritt 1** berechnet werden.

$$\sigma_{z\,zul} = \frac{R_e}{\nu} = \frac{720\ \text{N}}{\text{mm}^2 \cdot 2} = \mathbf{360\ \frac{N}{mm^2}} \qquad S_{erf} = \frac{F}{\sigma_{z\,zul}} = \frac{23000\ \text{N} \cdot \text{mm}^2}{360\ \text{N}} = \mathbf{63{,}9\ mm^2}$$

Schritt 4

Im Sachwortverzeichnis TM wird unter dem Begriff **„Metrisches ISO-Gewinde"** auf Seite 222 verwiesen. In der dortigen Tabelle **„Nennmaße für Regelgewinde Reihe 1"** ist der errechnete Spannungsquerschnitt nicht aufgeführt. Daher wird der nächsthöhere Spannungsquerschnitt ***S* = 84,3 mm²** gewählt, dem das **Gewinde M 12** zuzuordnen ist.

Nennmaße für Regelgewinde Reihe 1[1] (Maße in mm) vgl. DIN 13-1 (1999-11)

Gewindebezeichnung $d = D$	Steigung P	Flanken-Ø $d_2 = D_2$	Kern-Ø Außengewinde d_3	Kern-Ø Innengewinde D_1	Gewindetiefe Außengewinde h_3	Gewindetiefe Innengewinde H_1	Rundung R	Spannungsquerschnitt S mm²	Bohrer-Ø für Gewindekernloch[2]	Sechskantschlüsselweite[3]
M 1	0,25	0,84	0,69	0,73	0,15	0,14	0,04	0,46	0,75	–
M 10	1,5	9,03	8,16	8,38	0,92	0,81	0,22	58,0	8,5	16
M 12	1,75	10,86	9,85	10,11	1,07	0,95	0,25	84,3	10,2	18
M 14[4]	2	12,70	11,55	11,84	1,23	1,08	0,29	115,47	12	21

Antwort: Das benötigte Gewinde der angedachten Schrauben sollte mindestens M 12 sein.

Größen und Einheiten

Aufgabe 1

Welche Umrechnung von Zahlenwert und Einheit ist korrekt?

① 1 km = 100 m

② 65 s = 1,5 min

③ 5 inch = 101,6 mm

④ 2 m^3 = 2000000 cm^3

⑤ 50 g = 5000 mg

Aufgabe 2

Welche Beziehung zwischen den Einheiten stimmt nicht?

① 1 t = 1000 kg = 1 Mg

② 1 d = 24 h = 3600 s

③ 1 N = 1 kg · m/s^2 = 1 J/m

④ 1 m = 100 cm = 1000 mm

⑤ 1000 kg/m^3 = 1 t/m^3 = 1 mg/mm^3

Aufgabe 3

Wie viele Sekunden entsprechen 5 Minuten?

① 60 s

② 120 s

③ 180 s

④ 240 s

⑤ 300 s

Aufgabe 4

In welcher Auswahlantwort sind die Umrechnungsfaktoren für Einheiten nicht richtig dargestellt?

① $1 = \frac{10\text{ mm}}{1\text{ cm}} = \frac{1000\text{ mm}}{1\text{ m}} = \frac{1\text{ km}}{1000\text{ m}}$

② $1 = \frac{100\text{ cm}^2}{1\text{ dm}^2} = \frac{1\text{ cm}^2}{100\text{ mm}^2} = \frac{1\text{ dm}^2}{100\text{ cm}^2}$

③ $1 = \frac{1000\text{ mm}^3}{1\text{ cm}^3} = \frac{1000\text{ cm}^3}{1\text{ dm}^3} = \frac{1\text{ dm}^3}{100\text{ cm}^3}$

④ $1 = \frac{60\text{ min}}{1\text{ h}} = \frac{3600\text{ s}}{1\text{ h}} = \frac{60\text{ s}}{1\text{ min}}$

⑤ $1 = \frac{60'}{1°} = \frac{3600''}{1°} = \frac{1°}{60\text{ s}}$

Aufgabe 5

Welche Aussage ist richtig?

① 1 kg = 1000 g

② 1 kg = 100 g

③ 1 kg = 10 g

④ 1 kg = 1 g

⑤ 1 kg = 0,1 g

Aufgabe 6

Welcher Vorsatzname ist der richtigen Zehnerpotenz zugeordnet?

	Vorsatzname	Potenz
①	Giga	10^{12}
②	Milli	10^{-6}
③	Zenti	10^{-2}
④	Piko	10^{12}
⑤	Mikro	10^{-9}

Größen und Einheiten

Aufgabe 1

Die Leistung eines Autos wird mit $P = 130$ PS angegeben. Welcher Leistung entspricht dies in kW?

① $P = 177$ kW

② $P = 0{,}006$ kW

③ $P = 96$ kW

④ $P = 6$ kW

⑤ $P = 220$ kW

Aufgabe 2

Wie lauten die Basiseinheiten und dazugehörige Einheitszeichen für die Basisgrößen Länge, Zeit und Lichtstärke?

Aufgabe 3

Bei welcher Angabe handelt es sich nicht um eine Einheit eines ebenen Winkels?

① Radiant

② Grad

③ Steradiant

④ Minute

⑤ Sekunde

Aufgabe 4

Erläutern Sie den Begriff „Impuls".

Aufgabe 5

Welche Aussage zur Frequenz trifft zu?

① 1 Hz ≙ 1000 Schwingungen in 1 Sekunde

② 1 Hz ≙ 100 Schwingungen in 1 Sekunde

③ 1 Hz ≙ 10 Schwingungen in 1 Sekunde

④ 1 Hz ≙ 1 Schwingung in 1 Sekunde

⑤ 1 Hz ≙ 0,1 Schwingungen in 1 Sekunde

Aufgabe 6

Wofür wird die flächenbezogene Masse m" angewendet?

① Zur Berechnung der Masse von Blechen

② Zur Berechnung der Masse von Stäben

③ Zur Berechnung der Masse von Profilen

④ Zur Berechnung der Masse von Rohren

⑤ Zur Berechnung der Masse von Kugeln

Formeln, Gleichungen und Diagramme

Aufgabe 1

Physikalische Größen werden in der Regel über Formeln berechnet. Aus welchen Elementen besteht eine Formel?

① Formelzeichen, Konstante, Zahl, Einheit

② Formelzeichen, Zahl, Operator, Einheit

③ Operator, Zahl, Einheit, Konstante

④ Konstante, Operator, Zahl, Formelzeichen

⑤ Konstante, Operator, Einheit, Formelzeichen

Aufgabe 2

Welche Aussage über Zahlenwertgleichungen ist richtig?

① Das Ergebnis ist immer eine Zahl.

② Die Zahlenwerte der einzelnen Größen dürfen nur in der vorgeschriebenen Einheit verwendet werden.

③ Die Einheiten werden bei der Berechnung mitgeführt.

④ Die Einheit der gesuchten Größe ist frei wählbar.

⑤ Die Berechnung erfolgt immer mit der Basiseinheit.

Aufgabe 3

Gegeben ist das rechts abgebildete Diagramm.

a) Wie lautet die lineare Funktion?

b) Wie groß ist der Wert y bei $x = 2$?

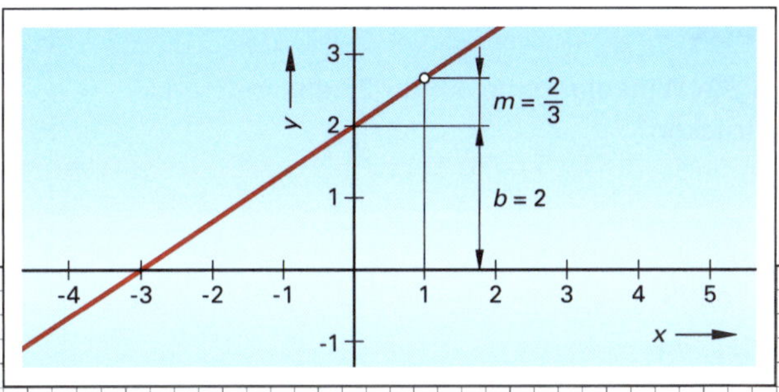

Aufgabe 4

Stellen Sie die Formel nach $v = \frac{s}{t}$ nach t um.

Aufgabe 5

Stellen Sie die Formel $A = \frac{d^2 \cdot \pi}{4}$ nach d um.

Rechnen mit Größen, Prozent- und Zinsrechnung

Aufgabe 1

Gegeben ist das skizzierte Vierkantprisma. Wie groß ist das Volumen V?

① $V = 3750000\ mm^3$

② $V = 375000\ cm^3$

③ $V = 37{,}5\ dm^3$

④ $V = 0{,}375\ m^3$

⑤ $V = 0{,}0000375\ km^3$

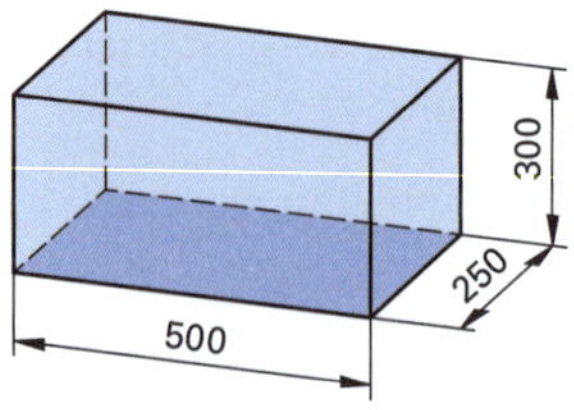

Aufgabe 2

Ein Facharbeiter hat einen Stundenlohn von 12,50 €. Die Löhne werden um 3,5 % angehoben. Wie hoch ist der Stundenlohn nach der Lohnerhöhung?

① 11,72 €

② 12,94 €

③ 13,24 €

④ 13,55 €

⑤ 13,87 €

Aufgabe 3

Wie ist die Winkelangabe $\alpha = 55°23'45''$ in Grad (°) auszudrücken?

① $\alpha = 55{,}019°$

② $\alpha = 55{,}178°$

③ $\alpha = 55{,}212°$

④ $\alpha = 55{,}396°$

⑤ $\alpha = 55{,}527°$

Aufgabe 4

Auf ein Festgeldkonto gibt es 2,2 % Zinsen pro Jahr. Wie hoch ist der Zinsertrag bei einer Laufzeit von 12 Monaten und einer Anlegesumme von 7500,00 €?

① 91,25 €

② 112,00 €

③ 128,56 €

④ 165,00 €

⑤ 184,47 €

Aufgabe 5

Ein Fahrzeug bewegt sich mit einer konstanten Geschwindigkeit von $v = 19{,}4$ m/s. Welche Auswahlantwort gibt die gleiche Geschwindigkeit an?

① $v = 71{,}5$ km/h

② $v = 7005$ m/h

③ $v = 1266{,}8$ m/min

④ $v = 1266666{,}7$ mm/min

⑤ $v = 19400$ mm/s

Aufgabe 6

Eine Windkraftanlage besitzt eine Nennleistung $P = 7{,}58$ MW. Wie groß ist dieser Wert in Watt?

① $P = 7580000{,}0$ W

② $P = 75{,}8$ W

③ $P = 75800{,}0$ W

④ $P = 7580{,}0$ W

⑤ $P = 758000{,}0$ W

Strahlensatz und Pythagoras

Aufgabe 1

Eine Ölwanne von 950 mm x 1300 mm soll über die Diagonale auf Rechtwinkligkeit überprüft werden. Wie lang muss die Diagonale *l* sein?

① *l* = 1499,1 mm
② *l* = 1523,1 mm
③ *l* = 1566,1 mm
④ *l* = 1585,1 mm
⑤ *l* = 1610,1 mm

Aufgabe 2

Wie groß ist bei der skizzierten Treppe der Höhenunterschied *h*?

① *h* = 2,54 m
② *h* = 2,85 m
③ *h* = 3,16 m
④ *h* = 3,67 m
⑤ *h* = 3,89 m

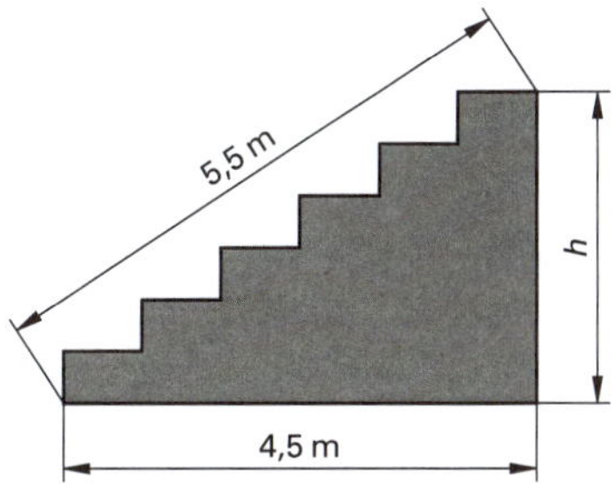

Aufgabe 3

Die Zeichnung einer Bohrplatte ist gegeben. Wie groß ist der Abstand *l*?

① *l* = 47,5 mm
② *l* = 51,5 mm
③ *l* = 54,5 mm
④ *l* = 58,5 mm
⑤ *l* = 61,5 mm

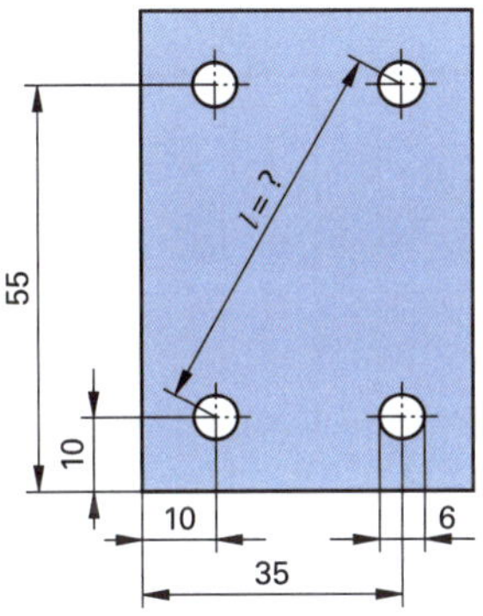

Aufgabe 4

Wie groß ist das in der Skizze fehlende Maß *x*?

① *x* = 302,1 mm
② *x* = 333,5 mm
③ *x* = 342,8 mm
④ *x* = 353,2 mm
⑤ *x* = 369,6 mm

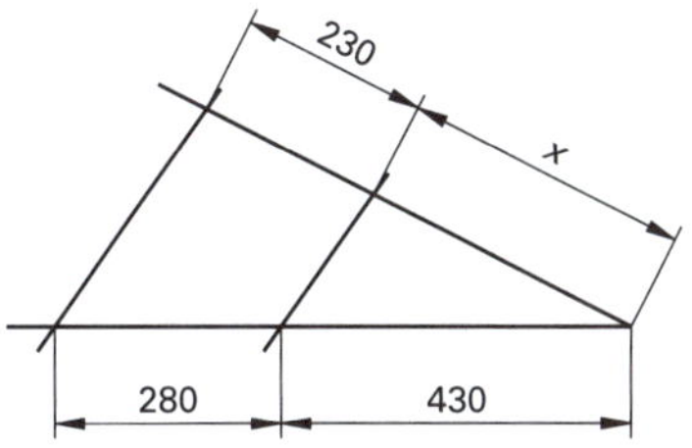

Aufgabe 5

Gegeben ist der skizzierte Fachwerkträger.
Berechnen Sie die fehlenden Maße *a* und *h*.

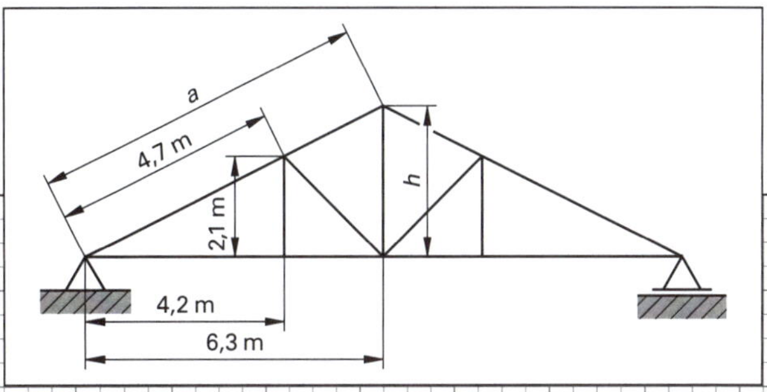

Winkelfunktionen, Sinussatz, Kosinussatz

Aufgabe 1

Wie groß ist der Winkel α des skizzierten Dreiecks?

① $\alpha = 53{,}2°$

② $\alpha = 59{,}2°$

③ $\alpha = 62{,}2°$

④ $\alpha = 64{,}2°$

⑤ $\alpha = 69{,}2°$

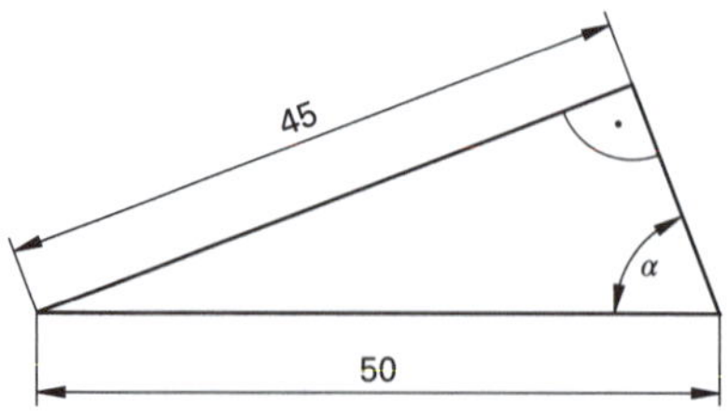

Aufgabe 2

Wie groß ist bei dem skizzierten Flachstahl das Maß l?

① $l = 46{,}2$ mm

② $l = 48{,}5$ mm

③ $l = 50{,}3$ mm

④ $l = 53{,}1$ mm

⑤ $l = 54{,}7$ mm

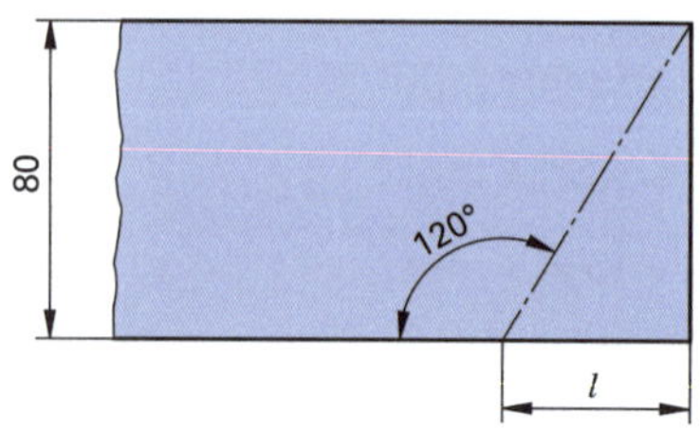

Aufgabe 3

Gegeben ist der skizzierte Drehkran.

a) Wie groß sind die Winkel α, β, und γ?

b) Bestimmen Sie die Längen der Streben S_1 und S_2.

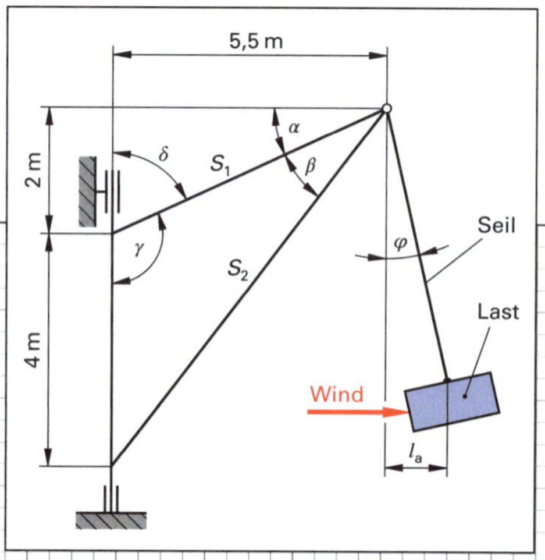

Aufgabe 4

Die am Seil des Drehkrans (Aufgabe 3) hängende Last wird vom Wind um $\varphi = 6°$ aus der Senkrechten ausgelenkt. Die Länge des Seils beträgt $l_S = 4{,}5$ m. Wie groß ist die Auslenkung l_a?

① $l_a = 0{,}37$ m

② $l_a = 0{,}47$ m

③ $l_a = 0{,}57$ m

④ $l_a = 0{,}67$ m

⑤ $l_a = 0{,}77$ m

Aufgabe 5

Wie groß ist der Winkel γ des schiefwinkligen Dreiecks?

① $\gamma = 64{,}4°$

② $\gamma = 69{,}4°$

③ $\gamma = 73{,}4°$

④ $\gamma = 77{,}4°$

⑤ $\gamma = 81{,}4°$

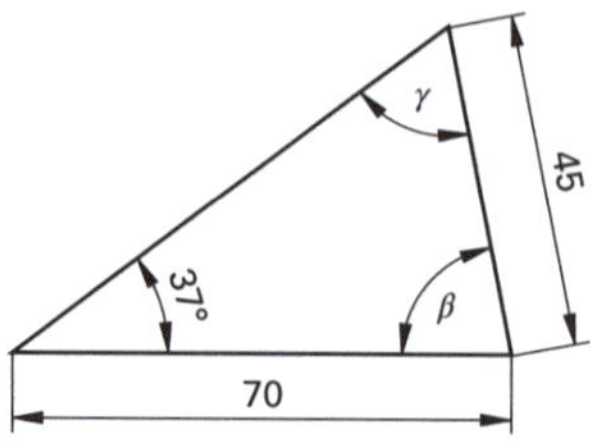

Längen und Flächen

Aufgabe 1

Von einem Flachstab l = 5000 mm werden 14 Teile von je 235,5 mm Länge abgesägt. Wie groß ist die Restlänge l_R, wenn die Sägeschnittbreite S = 2,5 mm beträgt?

① l_R = 1599 mm

② l_R = 1668 mm

③ l_R = 1689 mm

④ l_R = 1702 mm

⑤ l_R = 1715 mm

Aufgabe 2

Wie groß ist die gestreckte Länge l des skizzierten Rohrs?

① l = 121,0 mm

② l = 152,7 mm

③ l = 160,5 mm

④ l = 172,1 mm

⑤ l = 196,0 mm

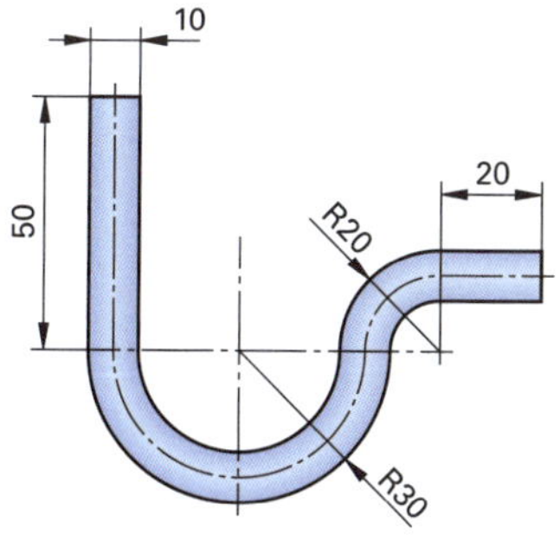

Aufgabe 3

Wie groß ist der mittlere Windungsdurchmesser D_m einer Feder, wenn die gestreckte Länge der Schraubenlinie l = 483 mm und die Anzahl der federnden Windungen i = 12,5 beträgt?

① D_m = 9,7 mm

② D_m = 10,0 mm

③ D_m = 10,3 mm

④ D_m = 10,6 mm

⑤ D_m = 10,9 mm

Aufgabe 4

Wie groß ist die Fläche A der skizzierten Unterlegscheibe?

① A = 177,9 mm²

② A = 189,1 mm²

③ A = 205,7 mm²

④ A = 235,6 mm²

⑤ A = 256,4 mm²

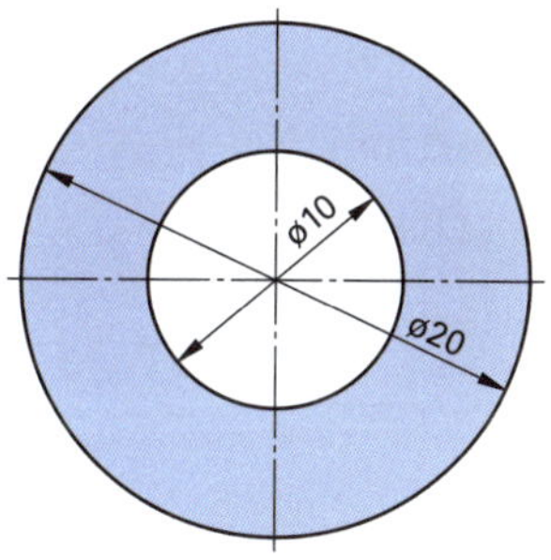

Aufgabe 5

Wie groß ist die Fläche A des skizzierten regelmäßigen Vielecks?

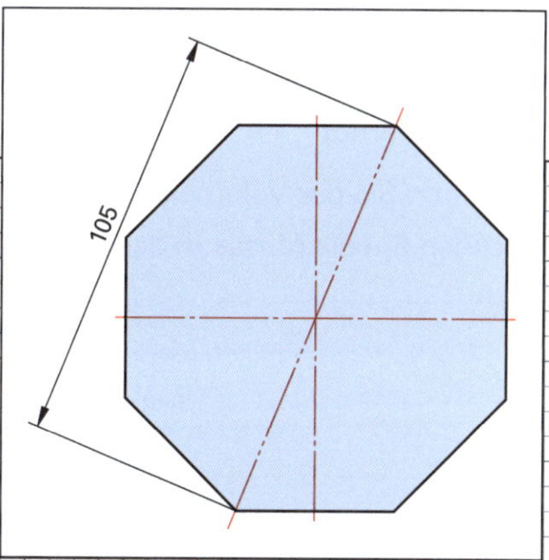

Volumen und Masse

Aufgabe 1

Wie groß ist das Volumen *V* des skizzierten Hohlzylinders?

① $V = 10171\ cm^3$

② $V = 10451\ cm^3$

③ $V = 10899\ cm^3$

④ $V = 11201\ cm^3$

⑤ $V = 11556\ cm^3$

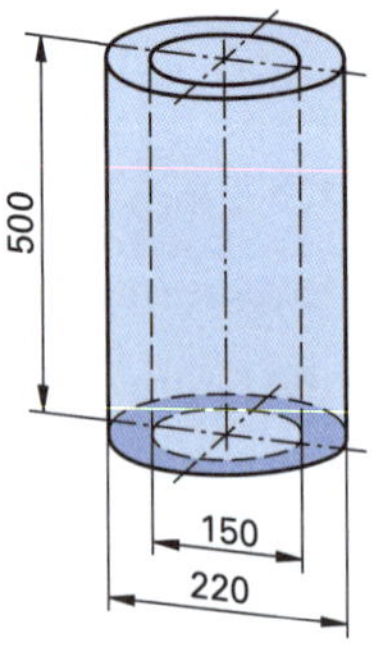

Aufgabe 2

Die Skizze zeigt einen Pyramidenstumpf. Wie groß ist dessen Volumen *V*?

① $V = 13{,}91\ dm^3$

② $V = 14{,}67\ dm^3$

③ $V = 14{,}98\ dm^3$

④ $V = 15{,}22\ dm^3$

⑤ $V = 15{,}49\ dm^3$

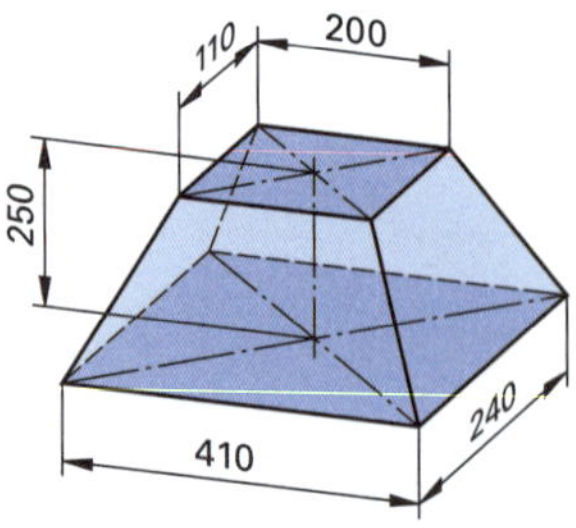

Aufgabe 3

Eine Kugel hat ein Volumen $V = 1950\ mm^3$. Wie groß ist der Durchmesser *d*?

① $d = 13{,}5$ mm

② $d = 14{,}0$ mm

③ $d = 14{,}5$ mm

④ $d = 15{,}0$ mm

⑤ $d = 15{,}5$ mm

Aufgabe 4

In der Skizze ist ein aus Titan bestehender Kegel zu sehen. Wie groß ist dessen Masse *m*?

① $m = 140{,}47$ kg

② $m = 141{,}86$ kg

③ $m = 142{,}59$ kg

④ $m = 143{,}14$ kg

⑤ $m = 144{,}25$ kg

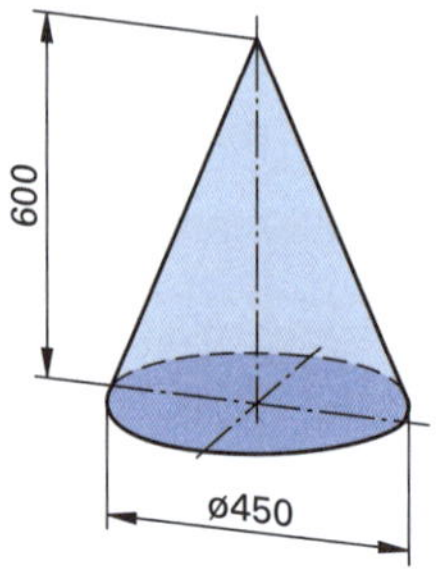

Aufgabe 5

Der in der Skizze dargestellte geometrische Körper wurde aus Aluminium gefertigt.

a) Bestimmen Sie das Volumen *V*.

b) Berechnen Sie die Masse *m* des Körpers.

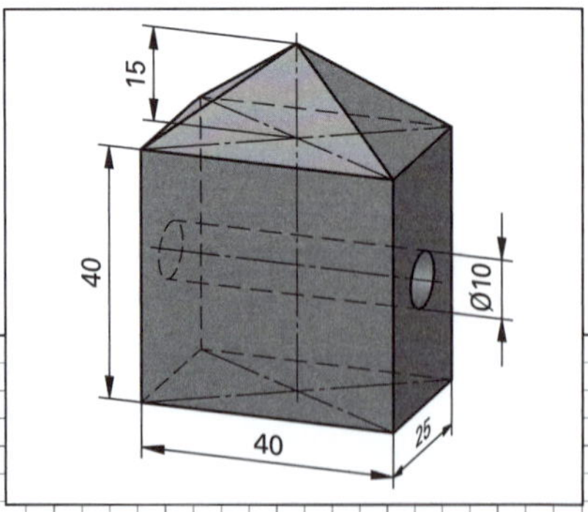

Konstante, beschleunigte und verzögerte Bewegungen

Aufgabe 1

Welche Strecke s legt ein Fahrzeug mit einer Geschwindigkeit v = 130 km/h in der Zeit t = 10 s zurück?

① s = 247,06 m

② s = 286,96 m

③ s = 301,55 m

④ s = 336,12 m

⑤ s = 361,11 m

Aufgabe 2

Wie groß ist die Winkelgeschwindigkeit ω einer auf einem Winkelschleifer (n = 11000 min^{-1}) montierten Trennscheibe mit dem Durchmesser d = 125 mm?

① ω = 945,3 s^{-1}

② ω = 12302,3 s^{-1}

③ ω = 1151,9 s^{-1}

④ ω = 54732,4 s^{-1}

⑤ ω = 69115,0 s^{-1}

Aufgabe 3

Ein Motorrad beschleunigt konstant mit a = 7,31 m/s^2 bis auf eine Geschwindigkeit v = 100 km/h. Welchen Beschleunigungsweg s benötigt es hierfür?

① s = 61,55 m

② s = 52,78 m

③ s = 45,91 m

④ s = 83,45 m

⑤ s = 102,04 m

Aufgabe 4

Tragen Sie die Graphen für die Geschwindigkeiten v = 10 m/s und v = 2,5 m/s in das Weg-Zeit-Schaubild ein.

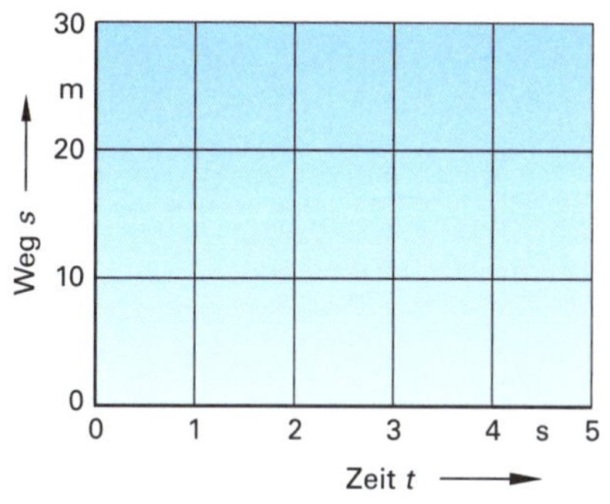

Aufgabe 5

Welche Umfangsgeschwindigkeit v besitzt eine rotierende Scheibe mit dem Durchmesser d = 110 mm, wenn ihre Winkelgeschwindigkeit ω = 1050 s^{-1} beträgt?

① v = 57,75 m/s

② v = 115,50 m/s

③ v = 28,88 m/s

④ v = 92,32 m/s

⑤ v = 66,67 m/s

Aufgabe 6

Welche Aussage ist richtig?

① Die Zunahme der Geschwindigkeit in 1 Sekunde heißt Verzögerung.

② Die Zunahme der Geschwindigkeit in 1 Sekunde heißt Beschleunigung.

③ Die Zunahme der Geschwindigkeit in 1 Sekunde heißt Winkelgeschwindigkeit.

④ Die Abnahme der Geschwindigkeit in 1 Sekunde heißt Beschleunigung.

⑤ Die Abnahme der Geschwindigkeit in 1 Sekunde heißt Fallbeschleunigung.

Konstante, beschleunigte und verzögerte Bewegung

Aufgabe 1

Die mittlere Hubgeschwindigkeit eines Lastenaufzuges beträgt $v = 9$ km/h. Wie groß ist die Hubgeschwindigkeit v in m/s?

① $v = 12$ m/s

② $v = 9$ m/s

③ $v = 150$ m/s

④ $v = 2{,}5$ m/s

⑤ $v = 5$ m/s

Aufgabe 2

Ein Hallenkran fährt mit einer Geschwindigkeit $v = 5$ m/min. Die Halle ist 100 m lang. Welche Zeit benötigt der Hallenkran, um eine Strecke von 90 m zurückzulegen?

① $t = 3$ min

② $t = 18$ min

③ $t = 0{,}3$ min

④ $t = 70$ min

⑤ $t = 5$ min

Aufgabe 3

Ein Transportband benötigt $t = 3$ s, um aus einer Transportgeschwindigkeit von $v = 10$ km/h in den Stillstand abzubremsen.

a) Wie groß ist die Verzögerung a in m/s² des Transportbandes?

b) Welchen Verzögerungsweg s in m legt das Transportband zurück?

Aufgabe 4

Wie groß ist die Umfangsgeschwindigkeit v der skizzierten Schleifscheibe?

① $v = 18{,}3$ m/s

② $v = 20$ m/s

③ $v = 35$ m/s

④ $v = 78{,}5$ m/s

⑤ $v = 30$ m/s

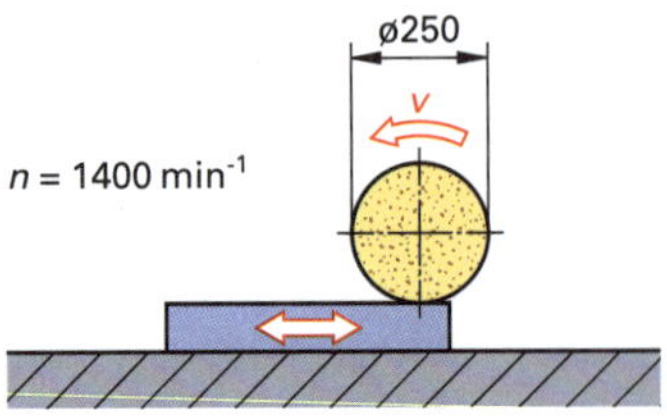

Aufgabe 5

Ein Gabelstapler beschleunigt mit einer Beschleunigung $a = 0{,}75$ m/s². Welche Geschwindigkeit v hat der Stapler nach 4 Sekunden?

① $v = 18$ m/s

② $v = 0{,}18$ m/s

③ $v = 5{,}3$ m/s

④ $v = 30$ m/s

⑤ $v = 3$ m/s

Geschwindigkeiten an Maschinen

Aufgabe 1

Wie groß ist die Vorschubgeschwindigkeit v_f in m/min bei einem Zahnstangenantrieb, wenn das Zahnrad einen Durchmesser d = 90 mm und eine Drehzahl n = 70 min^{-1} besitzt?

① v_f = 101 m/min

② v_f = 98,7 m/min

③ v_f = 19,8 m/min

④ v_f = 12,5 m/min

⑤ v_f = 10,5 m/min

Aufgabe 2

Eine Pendelstichsäge führt bei einer Hublänge s = 20 mm 700 Doppelhübe je Minute aus. Wie groß ist die mittlere Geschwindigkeit v_m?

① v_m = 12 m/min

② v_m = 10 m/min

③ v_m = 28 m/min

④ v_m = 14 m/min

⑤ v_m = 56 m/min

Aufgabe 3

Das skizzierte Werkstück soll mit einem Walzenstirnfräser d = 98 mm gefräst werden.

a) Berechnen Sie die Vorschubgeschwindigkeit v_f

b) Berechnen Sie die Schnittgeschwindigkeit v_c.

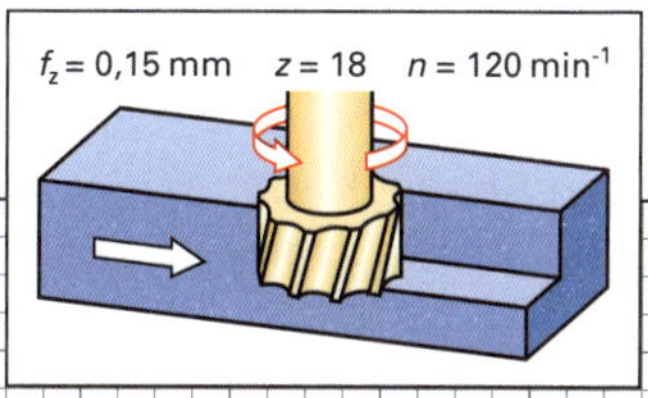

Aufgabe 4

Die Spindel eines Vorschubantriebes soll eine Vorschubgeschwindigkeit von v_f = 600 mm/min erreichen. Die Steigung beträgt P = 4 mm. Wie groß muss die Drehzahl n der Spindel gewählt werden?

① n = 1200 min^{-1}

② n = 150 min^{-1}

③ n = 180 min^{-1}

④ n = 15 min^{-1}

⑤ n = 134 min^{-1}

Aufgabe 5

In eine Schneidplatte sollen 8 Bohrungen mit einem Durchmesser d = 12 mm gebohrt werden. Die Drehzahl ist stufenlos einstellbar. Der Vorschub f soll 0,3 mm betragen und die Schnittgeschwindigkeit v_c beträgt 30 m/min. Wie groß muss die Vorschubgeschwindigkeit v_f eingestellt werden?

① v_f = 238 mm/min

② v_f = 300 mm/min

③ v_f = 796 mm/min

④ v_f = 10 mm/min

⑤ v_f = 500 mm/min

Zusammensetzen und Zerlegen von Kräften

Aufgabe 1

Welche Aussage über die Größendarstellung einer Kraft ist richtig?

① Die Größe der Kraft entspricht der Linienstärke des Pfeils.

② Die Größe der Kraft entspricht der Linienart.

③ Die Größe der Kraft entspricht der Linienfarbe des Pfeils.

④ Die Größe der Kraft entspricht der Pfeillänge l.

⑤ Die Größe der Kraft entspricht der Richtung der Kraft.

Aufgabe 2

Ein Wagen wird von zwei Personen bewegt. Person 1 schiebt mit F_1 = 100 N und Person 2 zieht mit F_2 = 150 N auf gleicher Wirklinie.

a) Bestimmen Sie einen Kräftemaßstab.

b) Ermitteln Sie zeichnerisch die resultierende F_r.

Aufgabe 3

Zeichnen Sie die Kräfte F_1 und F_2 maßstäblich und ermitteln Sie die resultierende Kraft F_r sowie den Winkel β zur Waagerechten.

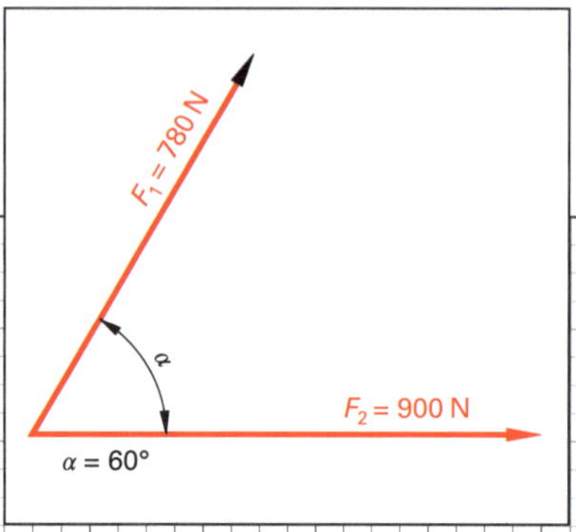

Aufgabe 4

Zerlegen Sie die Kraft F_1 in F_{1x} und F_{1y}.

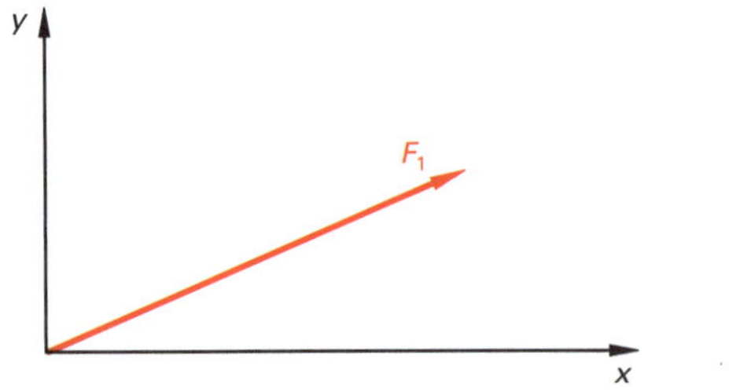

Aufgabe 5

Zerlegen Sie die Kraft F_G in F_H und F_N.

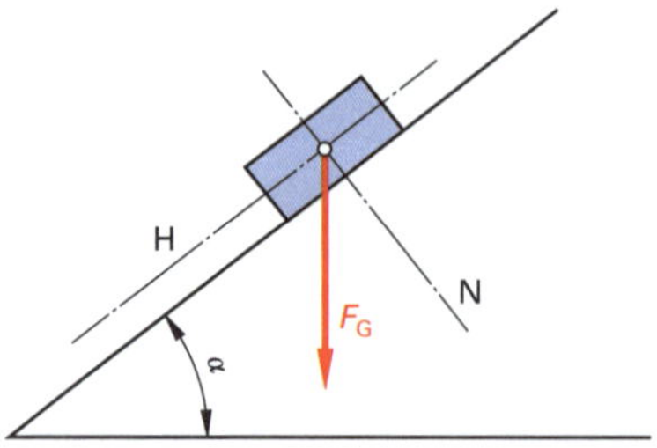

Kräfte, Drehmoment

Aufgabe 1

Wie groß muss die Kraft F_1 gewählt werden, damit das System im Gleichgewicht ist?

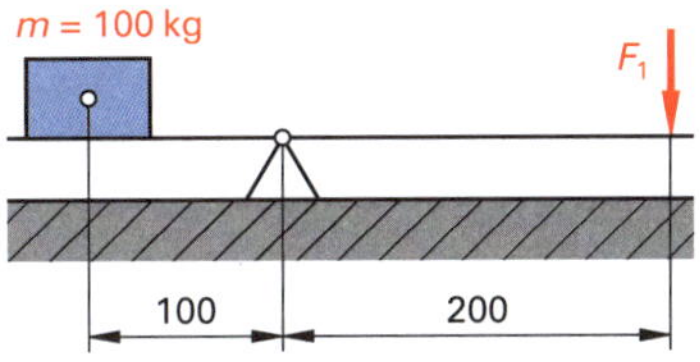

① $F_1 = 100$ N

② $F_1 = 981$ N

③ $F_1 = 98{,}1$ N

④ $F_1 = 100{,}5$ N

⑤ $F_1 = 490{,}5$ N

Aufgabe 2

Ein Sportwagen mit einer Masse $m = 1000$ kg beschleunigt mit $a = 5$ m/s². Wie groß ist die Beschleunigungskraft F?

① $F = 500$ N

② $F = 2500$ N

③ $F = 4000$ N

④ $F = 5000$ N

⑤ $F = 50000$ N

Aufgabe 3

Eine Druckfeder wird um den Vorspannweg $s_v = 6$ mm vorgespannt. Die Federrate beträgt $R = 6$ N/mm. Bei Belastung wird die Feder um weitere 3 mm zusammengedrückt.

a) Wie groß ist die Federkraft F in N für die vorgespannte Feder?

b) Bestimmen Sie die Federkraftänderung ΔF in N.

Aufgabe 4

Mit welcher Gewichtskraft F_G in kN darf ein 10-t-Hallenkran maximal belastet werden?

① $F_G = 98$ N

② $F_G = 98{,}1$ kN

③ $F_G = 100$ kN

④ $F_G = 100{,}5$ N

⑤ $F_G = 10000$ N

Aufgabe 5

Die Drehzahl einer Schleifscheibe beträgt $n = 2000$ min⁻¹. Sie hat einen Durchmesser $d = 400$ mm. Welcher Fliehkraft F_z unterliegt ein herausbrechendes Stück mit einer Masse $m = 1$ g?

① $F_z = 10{,}5$ N

② $F_z = 50$ N

③ $F_z = 8{,}8$ N

④ $F_z = 1000$ N

⑤ $F_z = 2{,}5$ N

Kräfte, Drehmoment, Mechanische Arbeit

Aufgabe 1

Wie lautet das Hebelgesetz?

① $\Sigma M_l = \Sigma M_r$

② $1/\Sigma M_l = 1/\Sigma M_r$

③ $\Sigma M_l - \Sigma M_r = F_G$

④ $\Sigma M_l + \Sigma M_r = F_G$

⑤ $\Sigma M_l \cdot \Sigma M_r = F_G$

Aufgabe 2

Welche Gewichtskraft F_G besitzt ein 10 t schweres Objekt auf der Mondoberfläche?
($g_{Mond} \approx 1/6 \cdot g_{Erde}$)

① $F_G = 98100$ N

② $F_G = 65400$ N

③ $F_G = 32700$ N

④ $F_G = 16350$ N

⑤ $F_G = 8175$ N

Aufgabe 3

Bestimmen Sie für das dargestellte Getriebe das Drehmoment M_2 des getriebenen Rades, wenn folgende Werte gegeben sind:
$z_1 = 25$, $z_2 = 40$, $M_1 = 80$ N · m.

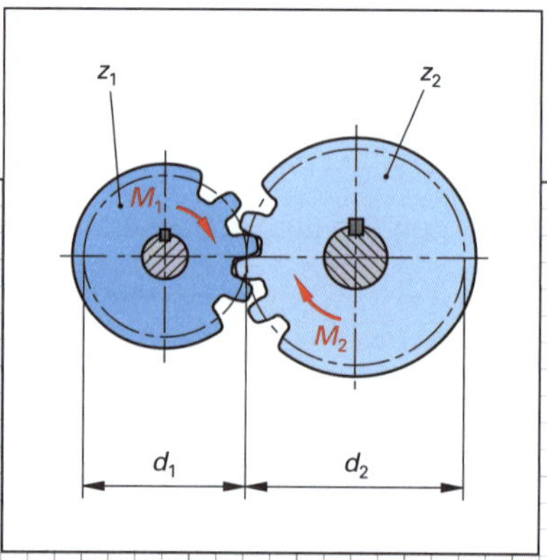

Aufgabe 4

Ein Gabelstapler hebt eine Last $m = 120$ kg auf eine Höhe $h = 2{,}5$ m. Welche Hubarbeit W wird hierbei verrichtet?

① $W = 300$ J

② $W = 1472$ J

③ $W = 1772$ J

④ $W = 2943$ J

⑤ $W = 3000$ J

Aufgabe 5

Ein Werkstück wird um einen Weg $s = 1{,}5$ m verschoben. Welche Reibungsarbeit W wird erbracht, wenn die Normalkraft $F_N = 1{,}2$ kN und die Reibungszahl $\mu = 0{,}35$ beträgt?

① $W = 430$ J

② $W = 530$ J

③ $W = 630$ J

④ $W = 730$ J

⑤ $W = 830$ J

Beanspruchung auf Zug und Druck

Aufgabe 1

Der skizzierte Vierkantstahl wird mit einer Zugkraft F_z = 50 kN beansprucht. Wie groß ist die auftretende Zugspannung σ_z in N/mm² im Stab?

① σ_z = 125 N/mm²

② σ_z = 250 N/mm²

③ σ_z = 56 N/mm²

④ σ_z = 63 N/mm²

⑤ σ_z = 160 N/mm²

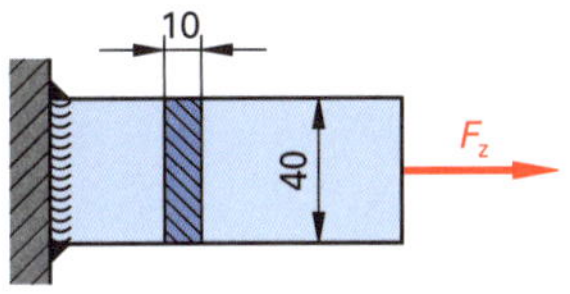

Aufgabe 2

Bei einem Zugversuch zeichnet das Diagramm eine Spannung σ_z = 80 N/mm² auf. Wie groß ist die Zugkraft *F*, wenn die Zugprobe einen Durchmesser *d* = 20 mm hat?

① *F* = 25 kN

② *F* = 98 kN

③ *F* = 90 N

④ *F* = 3,2 kN

⑤ *F* = 200 kN

Aufgabe 3

Für den dargestellten Zugbolzen und seine Aufnahme soll ein Spannungsnachweis durchgeführt werden.

a) Bestimmen Sie die zulässige Zugspannung σ_{zzul} im Zugbolzen und die zulässige Flächenpressung p_{zul} der Aufnahme.

b) Berechnen Sie die vorhandene Zugspannung σ_{zvorh} im gefährdeten Querschnitt und die vorhandene Flächenpressung p_{vorh} an der Kopfauflage.

c) Vergleichen Sie die vorhandenen mit den zulässigen Werten für die Zugspannung und die Flächenpressung.

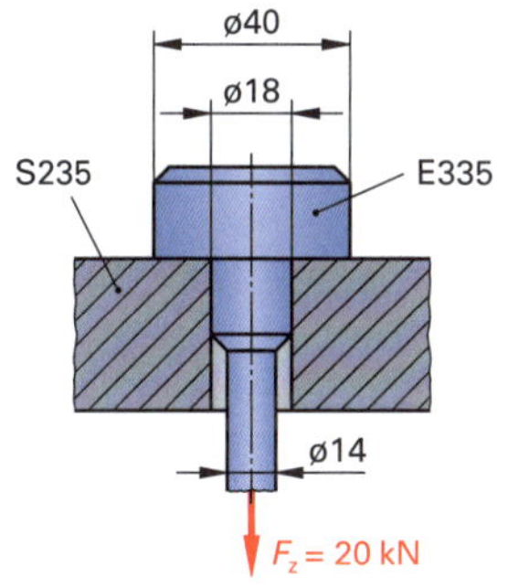

Aufgabe 4

Ein Stahlrohr hat einen Außendurchmesser *d* = 300 mm bei einer Wandstärke *s* = 10 mm. Es wird mit *F* = 100 kN auf Druck belastet. Wie groß ist die Druckspannung im Rohr?

① σ_d = 70 N/mm²

② σ_d = 21,5 N/mm²

③ σ_d = 11 N/mm²

④ σ_d = 8 N/mm²

⑤ σ_d = 13 N/mm²

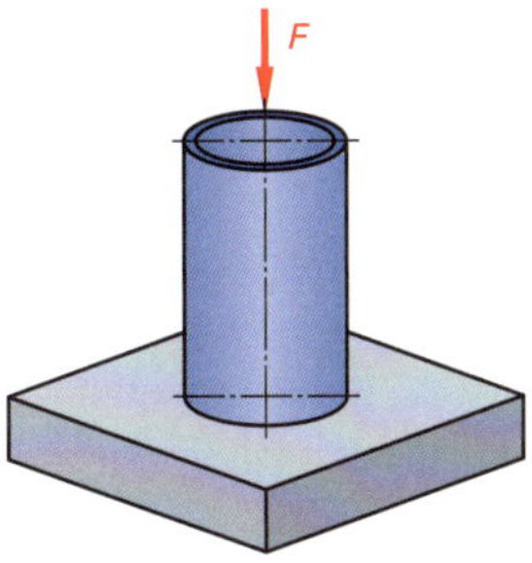

Aufgabe 5

Eine Vierkantschubstange 50 x 50 mm aus S235 hat eine Quetschgrenze σ_{dF} = 215 N/mm². Die Sicherheitszahl beträgt *v* = 1,7. Wie groß ist die zulässige Druckspannung σ_{dzul}?

① σ_{dzul} = 157,6 N/mm²

② σ_{dzul} = 126,5 N/mm²

③ σ_{dzul} = 138,7 N/mm²

④ σ_{dzul} = 365,5 N/mm²

⑤ σ_{dzul} = 400,0 N/mm²

Beanspruchung auf Abscherung

Aufgabe 1

Bei der dargestellten Verbindung tritt im Bolzen eine Scherspannung τ_a = 120 N/mm² auf. Wie groß ist die Scherkraft F?

① F = 700 kN

② F = 37 kN

③ F = 105 kN

④ F = 74 kN

⑤ F = 12 kN

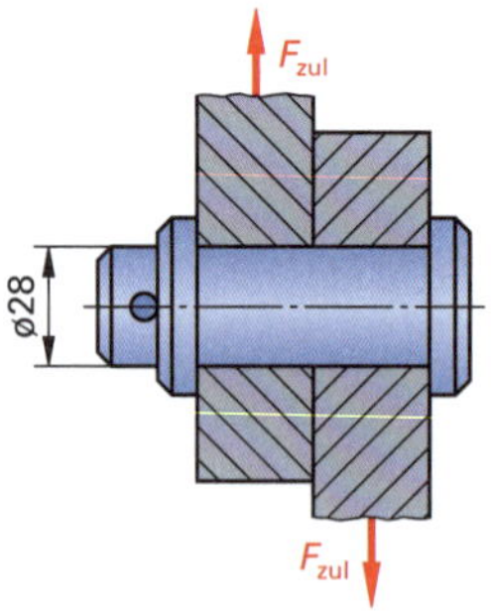

Aufgabe 2

Der Abscherstift in der dargestellten Vorrichtung dient als Überlastungsschutz. Bei welcher Kraft F schert der Stift ab?

① F = 31,4 kN

② F = 98,5 kN

③ F = 15,7 kN

④ F = 100 kN

⑤ F = 200 kN

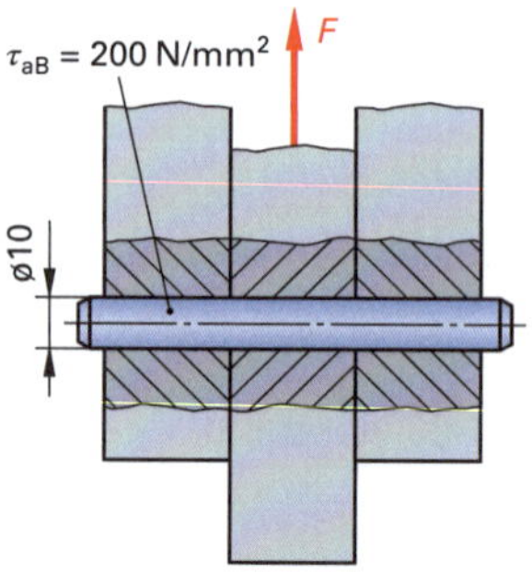

Aufgabe 3

Wie groß muss der Durchmesser d in mm des Zylinderstiftes in der dargestellten Stiftverbindung mindestens sein, wenn sie mit einer Kraft F = 35 kN beansprucht wird? Die zulässige Scherspannung beträgt τ_{azul} = 120 N/mm².

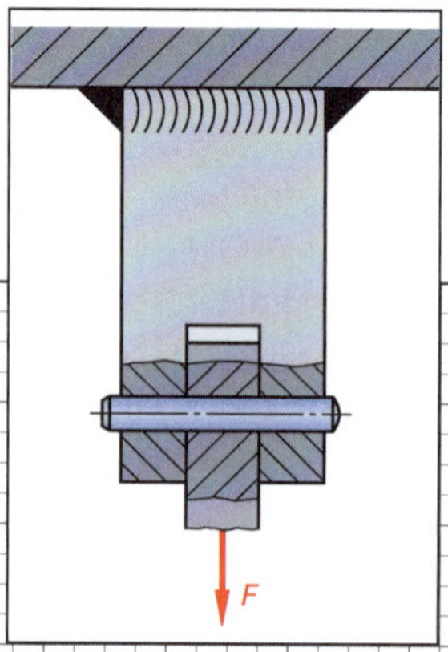

Aufgabe 4

Die dargestellte Lasche aus S235JR wird in einem Stanzwerkzeug gelocht und ausgeschnitten. Berechnen Sie die Schneidkräfte F in kN für das dargestellte Werkstück.

a) beim Ausschneiden.

b) beim Lochen.

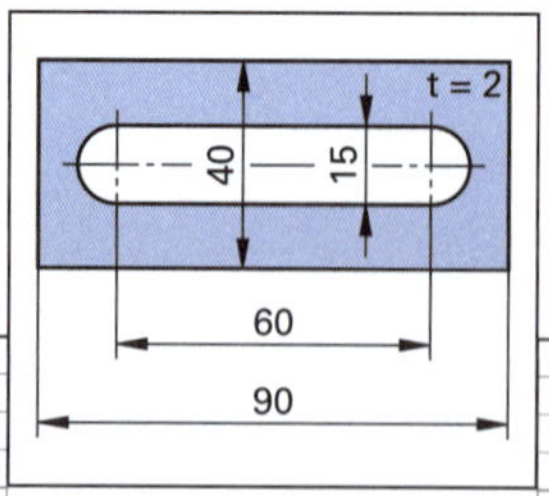

τ_{aBmax} = 408 N/mm²

Beanspruchung auf Biegung und Torsion

Aufgabe 1

Wie lautet die Formel zur Berechnung des axialen Widerstandmomentes W eines Rundstahls bei Beanspruchung auf Biegung?

Aufgabe 2

Wie groß ist das maximale Biegemoment $M_{b\,max}$ für den dargestellten Belastungsfall?

① $M_{b\,max} = 500\ N \cdot m$

② $M_{b\,max} = 2100\ N \cdot m$

③ $M_{b\,max} = 210\ N \cdot m$

④ $M_{b\,max} = 420\ N \cdot m$

⑤ $M_{b\,max} = 4200\ N \cdot m$

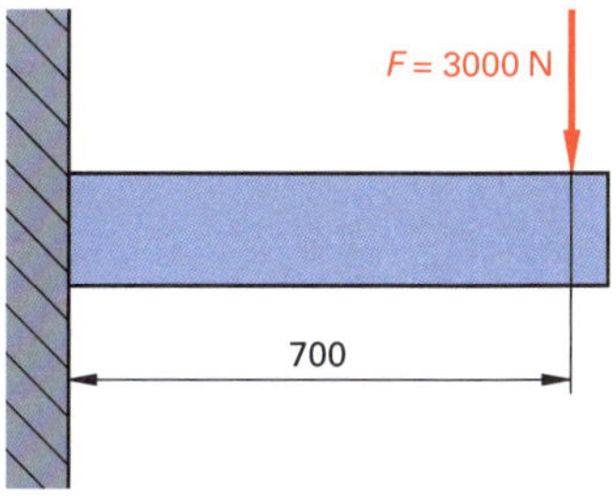

Aufgabe 3

Mit welcher Formel lässt sich das Biegemoment für den dargestellten Belastungsfall berechnen?

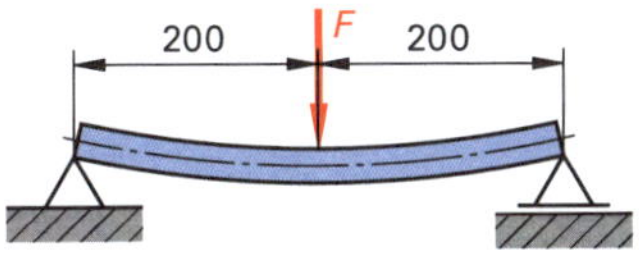

Aufgabe 4

Eine Hohlwelle wird auf Torsion beansprucht. Geben Sie die Formel zur Berechnung des polaren Widerstandmomentes W_p an.

Aufgabe 5

Der dargestellte Träger wird mittig mit einer Kraft $F = 4$ kN belastet. Berechnen Sie

a) das Biegemoment M_b.

b) das Widerstandsmoment W_x.

c) die vorhandene Biegespannung σ_b.

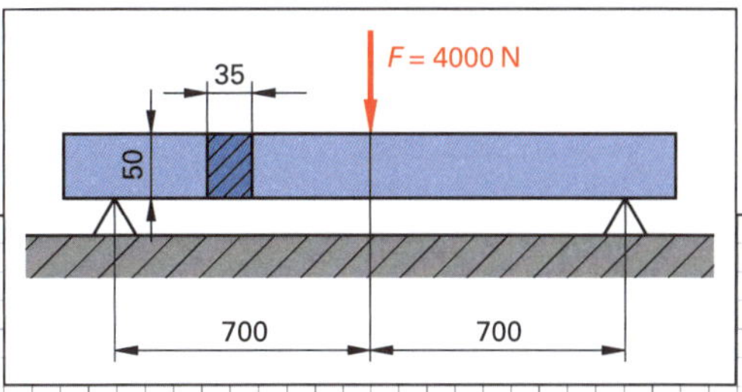

Mechanische Arbeit, Energie

Aufgabe 1

Eine Hubvorrichtung befördert die Last $m = 2400$ kg auf eine Höhe $h = 7$ m. Wie groß ist die verrichtete Arbeit?

① $W = 500$ kJ
② $W = 17$ kJ
③ $W = 50$ kJ
④ $W = 165$ kJ
⑤ $W = 176$ kJ

Aufgabe 2

Wie groß ist die Reibungsarbeit, wenn der skizzierte Körper mit konstanter Geschwindigkeit über eine Strecke $s = 2{,}3$ m gleitet?

① $W = 3{,}4$ kJ
② $W = 0{,}3$ kJ
③ $W = 20$ kJ
④ $W = 17{,}6$ kJ
⑤ $W = 34$ kJ

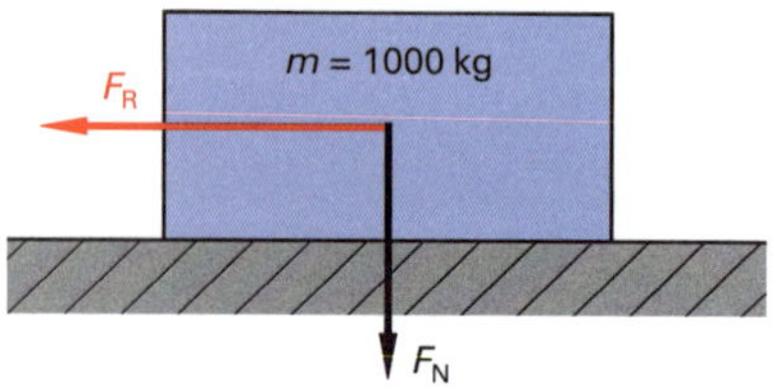

Gleitreibungszahl $\mu_G = 0{,}150$

Aufgabe 3

Beschreiben Sie die Beziehung zwischen potenzieller Energie und mechanischer Arbeit.

Aufgabe 4

Eine Zugfeder mit der Federrate $R = 5$ N/mm wird um $s = 30$ mm gestreckt. Wie groß ist die gespeicherte Energie in J?

Aufgabe 5

Ein Schwertransporter mit einer Masse $m = 60$ t fährt mit der Geschwindigkeit $v = 70$ km/h.
Wie groß ist die kinetische Energie W_k in MJ?

Einfache Maschinen und Energie

Aufgabe 1

Welche Kraft F_1 wird benötigt, um die Masse $m = 100$ kg anzuheben?

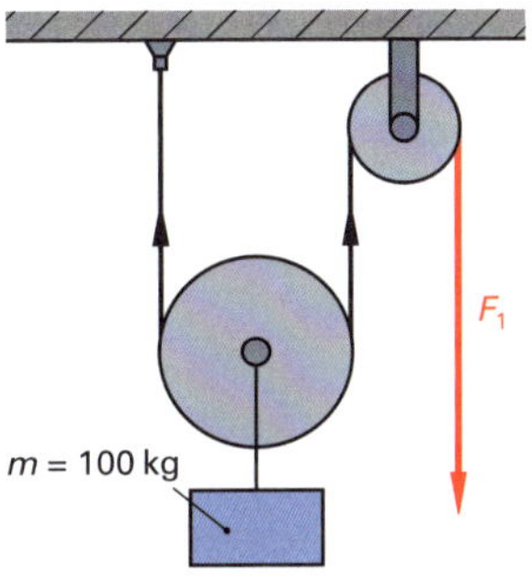

① $F_1 = 100$ N

② $F_1 = 1000$ N

③ $F_1 = 981$ N

④ $F_1 = 490{,}5$ N

⑤ $F_1 = 220{,}2$ N

Aufgabe 2

Eine Masse $m = 500$ kg soll auf der dargestellten Rampe die vorgegebene Strecke hinaufgezogen werden. Welche Zugkraft F ist notwendig? Die Reibung ist zu vernachlässigen.

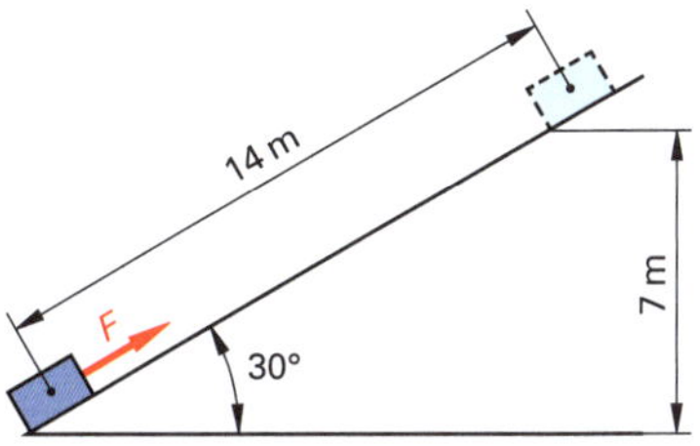

① $F = 2300$ N

② $F = 1000$ N

③ $F = 1234$ N

④ $F = 2452$ N

⑤ $F = 233$ N

Aufgabe 3

Die Spindel des dargestellten Abziehers hat ein M24 x 1,5 Gewinde. Mit welcher Kraft F_2 wird das Wälzlager abgezogen? Die Reibung bleibt in der Berechnung unberücksichtigt.

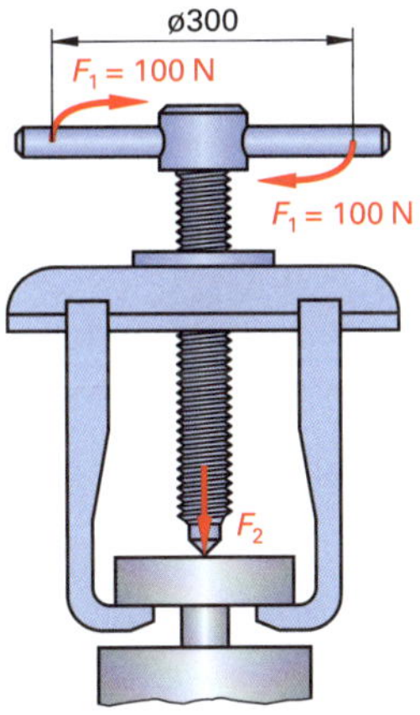

① $F_2 = 200$ kN

② $F_2 = 126$ kN

③ $F_2 = 20{,}0$ kN

④ $F_2 = 167$ kN

⑤ $F_2 = 103$ kN

Aufgabe 4

Welche Aussage ist richtig?

① 1 J = 1 kN · 1 m

② 1 J = 1 W

③ 1 J = 1 N · m

④ 1 J = 10 MJ

⑤ 1 J = 1 W · h

Aufgabe 5

Das Speichervolumen eines Wasserturms beträgt $V = 180\ m^3$. Wie groß ist die gespeicherte Energie W_p in MJ, wenn die Fallhöhe $s = 22$ m beträgt?

Leistung, Wirkungsgrad, Reibung

Aufgabe 1

Ein beladener Lastenaufzug mit einer Gesamtmasse m = 1820 kg fährt in t = 25 s auf die Höhe h = 15 m. Welche Leistung P wird benötigt?

① P = 100 kW

② P = 1 W

③ P = 10,7 W

④ P = 1 kW

⑤ P = 10,7 kW

Aufgabe 2

Eine Tauchpumpe fördert in t = 80 min 20 m^3 Wasser aus 8 m Tiefe. Wie groß ist die benötigte Leistung P?

① P = 480 W

② P = 327 W

③ P = 33 W

④ P = 61 W

⑤ P = 125 W

Aufgabe 3

Ein Elektromotor hat bei einer Drehzahl n = 1200 min^{-1} eine Leistung P = 8 kW. Wie groß ist das Drehmoment M des Motors?

Aufgabe 4

Ein Getriebe wird mit einem Elektromotor angetrieben. Wie groß ist der Gesamtwirkungsgrad η_{ges} der Anlage?

① η_{ges} = 68 %

② η_{ges} = 34 %

③ η_{ges} = 82 %

④ η_{ges} = 83 %

⑤ η_{ges} = 100 %

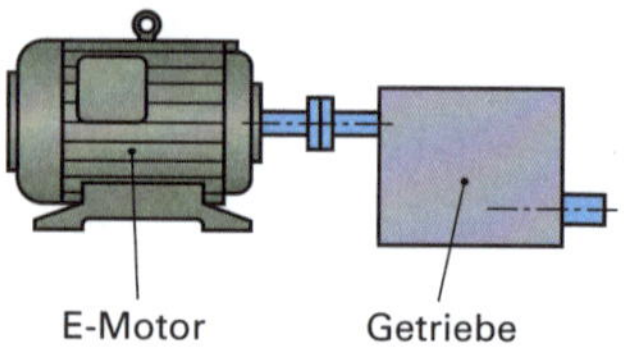

η_1 = 85 % η_2 = 80 %

Aufgabe 5

Wie groß ist die Haftreibungszahl und die Gleitreibungszahl für die Werkstoffpaarung Stahl und Gusseisen (geschmiert)?

Aufgabe 6

Welche drei Reibungsarten unterscheidet man?

Druck in Flüssigkeiten

Aufgabe 1

In einem Druckluftzylinder herrscht ein Arbeitsdruck p_e = 7 bar. Der Luftdruck p_{amb} beträgt 1 bar. Wie groß ist der absolute Druck p_{abs}?

① p_{abs} = 6 bar

② p_{abs} = 5 bar

③ p_{abs} = 8 bar

④ p_{abs} = 7 bar

⑤ p_{abs} = 1 bar

Aufgabe 2

Welche Aussage ist richtig?

① 1 bar = 1 Pa

② 1 bar = 10 N/cm^2

③ 1 bar = 10 Pa

④ 1 bar = 1 kg/m

⑤ 1 bar = 1 kg/m^2

Aufgabe 3

Berechnen Sie für den dargestellten Druckübersetzer die Kraft F_2 bei folgenden Werten: A_1 = 314 mm^2; A_2 = 1570 mm^2; F_1 = 1000 N.

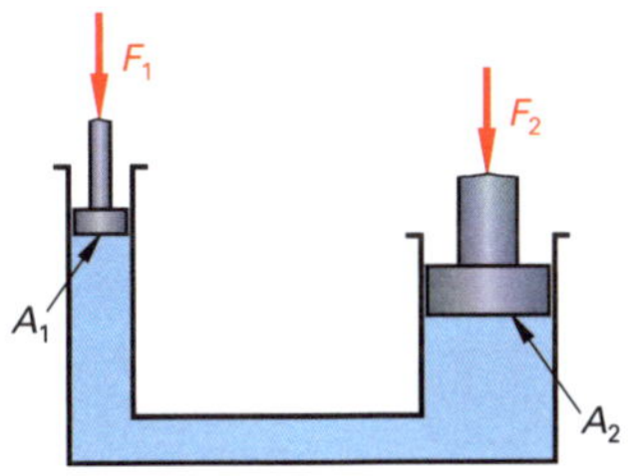

Aufgabe 4

Durch ein Hydraulikrohr fließt ein Volumenstrom Q = 70 l/min. Der Querschnitt A beträgt 2 cm^2. Wie groß ist die Strömungsgeschwindigkeit v?

① v = 7,2 m/s

② v = 58 m/s

③ v = 5,8 m/s

④ v = 72 m/s

⑤ v = 4,2 m/s

Aufgabe 5

Eine Gasflasche hat einen Fülldruck von 250 bar und ein Volumen von 11 dm^3. Durch Sonneneinstrahlung erwärmt sich die Flasche von 290 K auf 320 K. Wie groß ist der Druckanstieg Δp in der Flasche (p_{amb} = 1 bar)?

Wärmetechnik

Aufgabe 1

Wie groß ist die Temperatur $t = 35\,°C$ in K?

① $T = 135$ K

② $T = 238$ K

③ $T = 236$ K

④ $T = 35$ K

⑤ $T = 308$ K

Aufgabe 2

Ein 600 mm langer Flachstahl aus legiertem Stahl wird von 18 °C auf 600 °C erwärmt. Wie groß ist die Längenausdehnung Δl?

① $\Delta l = 10{,}5$ mm

② $\Delta l = 1{,}6$ mm

③ $\Delta l = 2{,}4$ mm

④ $\Delta l = 5{,}6$ mm

⑤ $\Delta l = 9{,}4$ mm

Aufgabe 3

Ein Benzintank, der mit 45 l Benzin gefüllt ist, wird durch Sonneneinstrahlung von 10 °C auf 40 °C erwärmt. Welches Volumen nimmt das Benzin nach der Erwärmung ein?

① $V = 46{,}5$ l

② $V = 45$ l

③ $V = 1{,}4$ l

④ $V = 43{,}6$ l

⑤ $V = 48{,}2$ l

Aufgabe 4

Wie groß muss bei der dargestellten Druckgussform das Längenmaß l_1 sein, wenn das Schwindmaß $S = 0{,}66\,\%$ beträgt?

① $l_1 = 91{,}66$ mm

② $l_1 = 90{,}60$ mm

③ $l_1 = 90{,}00$ mm

④ $l_1 = 91{,}23$ mm

⑤ $l_1 = 89{,}34$ mm

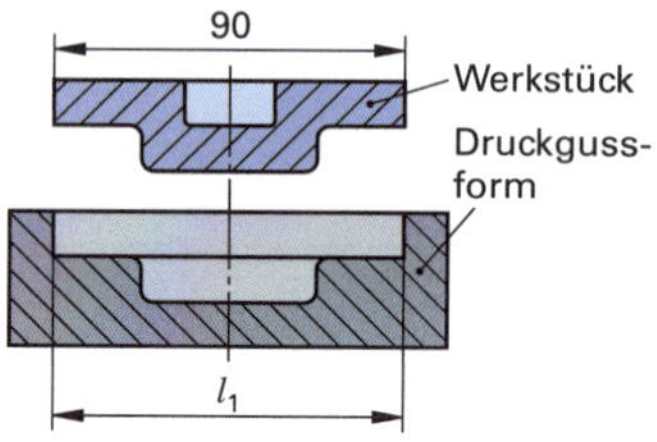

Aufgabe 5

Erklären Sie den Begriff „spezifische Wärmekapazität“.

Aufgabe 6

Wie groß ist der spezifische Heizwert H_i (H) von Steinkohle?

Elektrotechnik

Aufgabe 1

Wie lautet das Ohmsche Gesetz?

Aufgabe 2

Wie groß ist der Temperaturkoeffizient α (T_K-Wert) für den Werkstoff Silber?

① $\alpha = 0{,}0044$ 1/K

② $\alpha = 0{,}0037$ 1/K

③ $\alpha = 0{,}0039$ 1/K

④ $\alpha = 0{,}0040$ 1/K

⑤ $\alpha = 0{,}0038$ 1/K

Aufgabe 3

Wie groß ist in der dargestellten Schaltung der Gesamtwiderstand R zwischen den Klemmen 1 und 2?

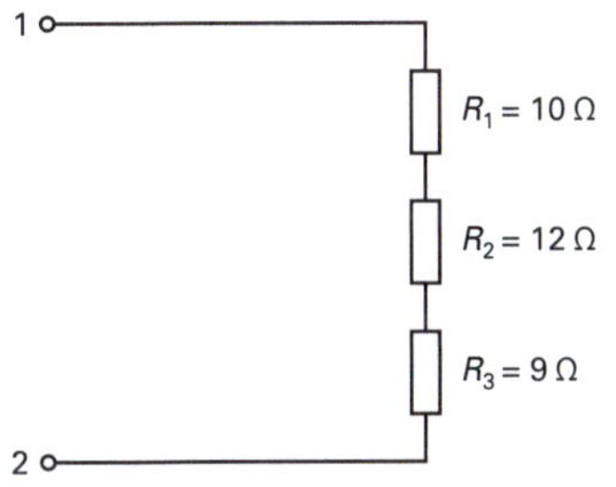

Aufgabe 4

Wie groß ist in der dargestellten Schaltung der Gesamtwiderstand R zwischen den Klemmen 1 und 2?

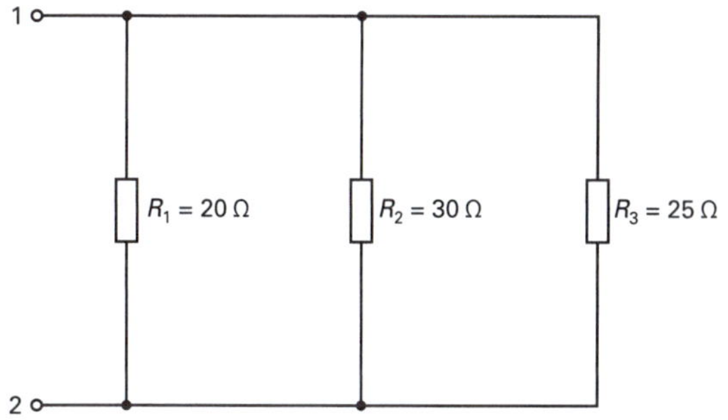

Aufgabe 5

Wie groß ist die zulässige Stromdichte J für einen Leiter mit einem Querschnitt $A = 2{,}5$ mm² bei einer Stromstärke $I = 5$ A?

① $J = 3$ A/mm²

② $J = 5$ A/mm²

③ $J = 4$ A/mm²

④ $J = 1$ A/mm²

⑤ $J = 2$ A/mm²

Aufgabe 6

Wie groß ist die Periodendauer T des Oberleitungsnetzes der Deutschen Bahn AG mit einer Frequenz $f = 33{,}33$ Hz?

① $T = 10$ ms

② $T = 20$ ms

③ $T = 30$ ms

④ $T = 40$ ms

⑤ $T = 50$ ms

Elektrische Arbeit und Leistung

Aufgabe 1

Ein elektrischer Heizlüfter hat die Leistung $P = 3000$ W. Wie groß ist der Energieverbrauch W bei einer Betriebsdauer $t = 8$ h?

① $W = 30$ kWh

② $W = 12$ kWh

③ $W = 24$ kWh

④ $W = 3$ kWh

⑤ $W = 35$ kWh

Aufgabe 2

Ein Gleichstrommotor nimmt bei der Spannung $U = 230$ V einen Strom $I = 7$ A auf. Wie groß ist die Leistungsaufnahme P des Motors?

① $P = 35$ kW

② $P = 1{,}2$ kW

③ $P = 1{,}6$ kW

④ $P = 33$ kW

⑤ $P = 0{,}6$ kW

Aufgabe 3

Wie groß ist in der skizzierten Schaltung eines Transformators die Spannung U_2? Transformatorverluste werden nicht berücksichtigt.

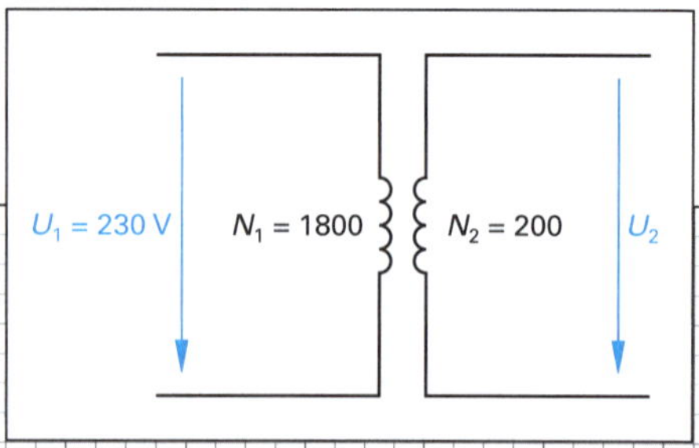

Aufgabe 4

Ein Drehstrommotor mit einer Leistung $P = 4$ kW ist an einer Spannung $U = 400$ V angeschlossen. Der Leistungsfaktor beträgt $\cos \varphi = 0{,}75$. Welcher Strom I fließt durch die Motorwicklung?

Geometrische Grundkonstruktion

Aufgabe 1

Halbieren Sie die Strecke $\overline{AB}$ mithilfe eines Zirkels.

Aufgabe 2

Halbieren Sie den Winkel α mithilfe eines Zirkels.

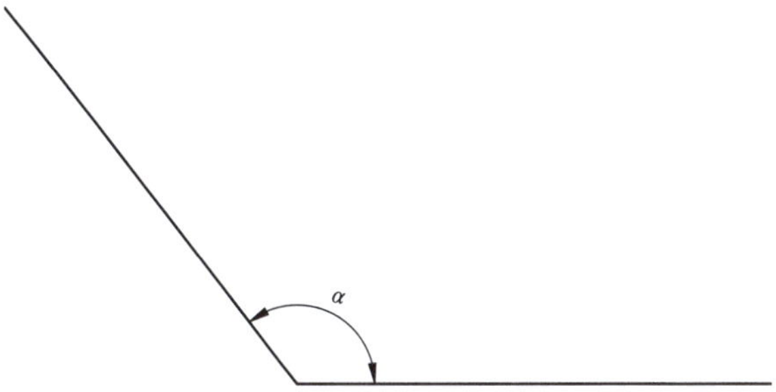

Aufgabe 3

Bestimmen Sie den Mittelpunkt des gegebenen Kreises.

Aufgabe 4

Konstruieren Sie einen Inkreis in das abgebildete Dreieck.

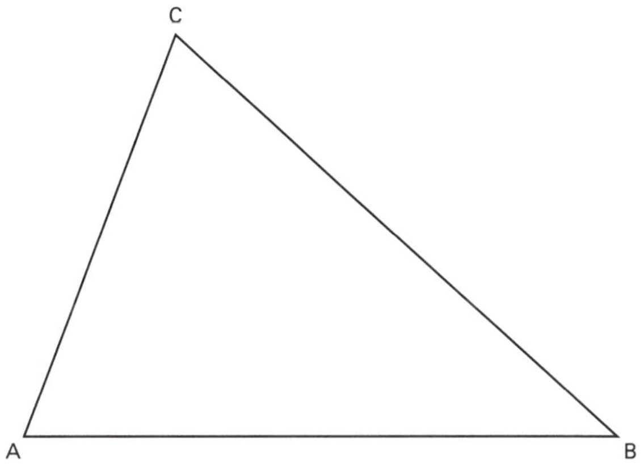

Aufgabe 5

Konstruieren Sie eine Rundung mit dem Radius $R = 12$ mm am gegebenen Winkel α.

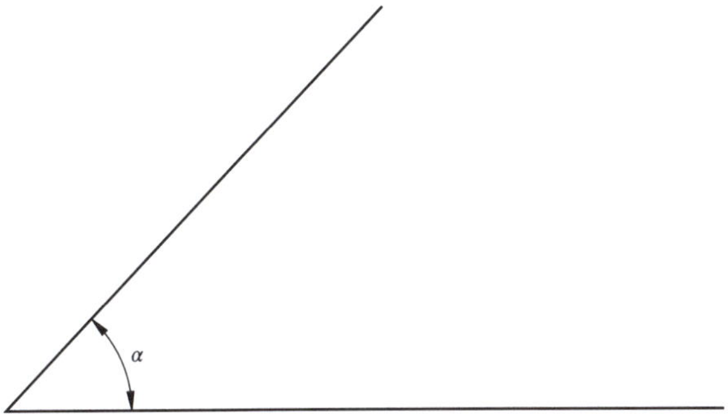

Aufgabe 6

Konstruieren Sie ein regelmäßiges Sechseck in den gegebenen Umkreis.

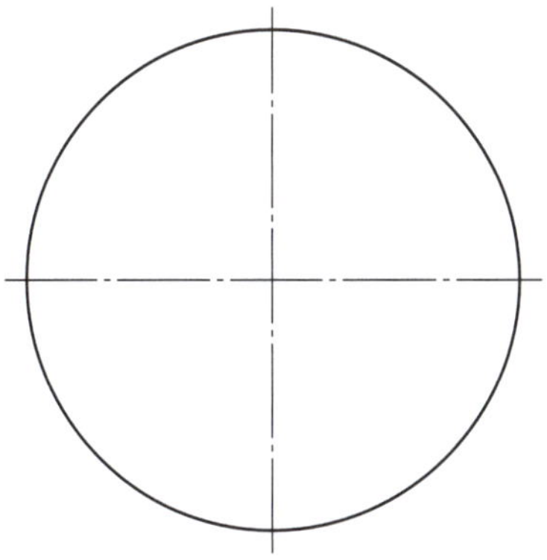

Zeichnungselemente

Aufgabe 1

Welcher Verkleinerungsmaßstab ist nicht normgerecht? (Vgl. DIN ISO 5455)

① Maßstab 1 : 2

② Maßstab 1 : 5

③ Maßstab 1 : 10

④ Maßstab 1 : 25

⑤ Maßstab 1 : 50

Aufgabe 2

Welche Abmessung hat die Zeichenfläche eines Zeichnungsvordruckes des Formates DIN A3?

① 420 mm x 594 mm

② 297 mm x 420 mm

③ 277 mm x 390 mm

④ 210 mm x 297 mm

⑤ 180 mm x 277 mm

Aufgabe 3

Benennen Sie die markierten Linien nach DIN ISO 128-24.

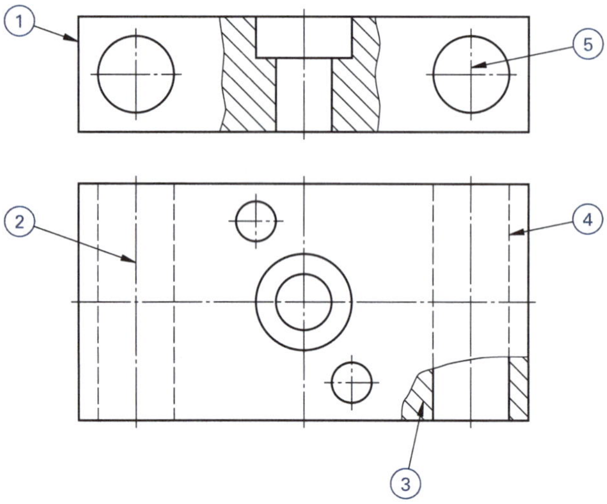

① ______________________________

② ______________________________

③ ______________________________

④ ______________________________

⑤ ______________________________

Aufgabe 4

Welches Zeichnungselement wird nicht durch eine schmale Strichpunktlinie (Nr. 04.1) gekennzeichnet?

① Symmetrielinien

② Mittellinien

③ Lochkreise

④ Verdeckte Umrisse

⑤ Teilkreise bei Verzahnungen

Aufgabe 5

Welche Breite besitzt ein Schriftfeld nach DIN EN ISO 7200?

① 90 mm

② 180 mm

③ 210 mm

④ 277 mm (Breite der Zeichnungsfläche A4)

⑤ Abhängig von der Zeichnung

Darstellungen in Zeichnungen

Aufgabe 1

Welche Ansicht eines Bauteils wird als Vorderansicht nach DIN EN ISO 128-3 gewählt?

① Die Ansicht mit den meisten verdeckten Kanten.

② Die Ansicht, welche die meisten Informationen bezüglich Form und Abmessung liefert.

③ Die größte Ansicht.

④ Die Ansicht mit den meisten Bemaßungen.

⑤ Die Ansicht von oben.

Aufgabe 2

Welche Aussage trifft bei folgendem Sinnbild einer Projektionsmethode zu?

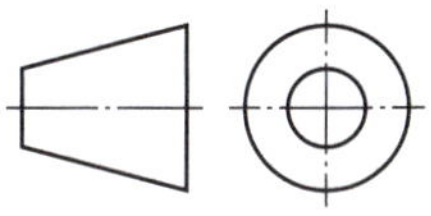

① Die Seitenansicht von rechts ist rechts neben der Vorderansicht.

② Die Draufsicht ist oberhalb der Vorderansicht.

③ Die Seitenansicht von links ist rechts neben der Vorderansicht.

④ Die Ansicht von unten ist unterhalb der Seitenansicht von links.

⑤ Die Ansicht von rechts ist unterhalb der Seitenansicht von links.

Aufgabe 3

Welche Antwort ist richtig?

① Die Ansicht in Richtung 1 ist die „Seitenansicht von rechts".

② Die Ansicht in Richtung 2 ist die „Draufsicht".

③ Die Ansicht in Richtung 3 ist die „Rückansicht".

④ Die Ansicht in Richtung 4 ist die „Seitensicht von links".

⑤ Die Ansicht in Richtung 5 ist die „Untersicht".

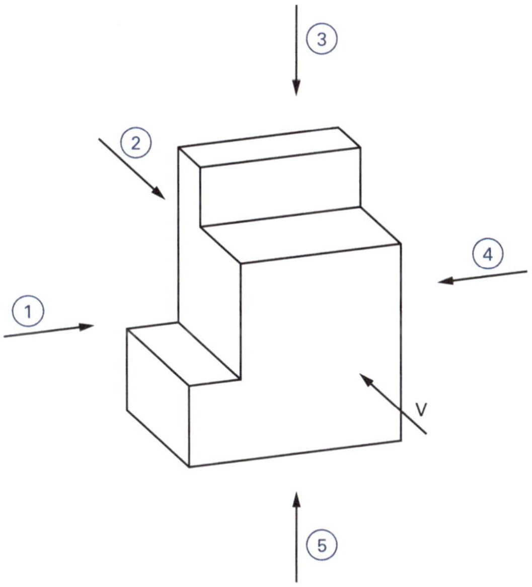

Aufgabe 4

Wie wird in einer Zeichnung (Maßstab 1:1) ein Teilbereich im Maßstab 10 : 1 dargestellt?

Aufgabe 5

Welche Projektionsmethode nach DIN ISO 5456-3 gibt es nicht?

① Kabinett-Projektion

② Isometrische-Projektion

③ Kavalier-Projektion

④ Dimetrische-Projektion

⑤ Dreiseiten-Projektion

Maßeintragung

Aufgabe 1

Welche Aussage über Maßhilfslinien ist richtig?

① Maßhilfslinien dürfen sich nicht schneiden.

② Maßhilfslinien werden rechtwinklig zu den bemaßenden Längen gezeichnet.

③ Maßhilfslinien werden als breite Volllinie oder Strichpunktlinie gezeichnet.

④ Bei symmetrischen Elementen dürfen Mittellinien nicht als Maßhilfslinien verwendet werden.

⑤ Maßhilfslinien werden als Strichpunktlinie gezeichnet.

Aufgabe 2

Die abgebildete Zeichnung enthält Fehler. Kennzeichnen Sie 3 Fehler in der abgebildeten Zeichnung.

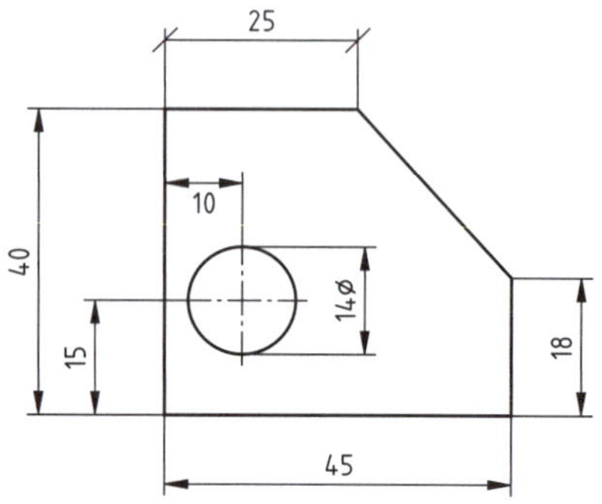

Aufgabe 3

Welche Zeichnung zeigt eine nicht zulässige Bemaßung eines Kegelverhältnisses nach DIN EN ISO 3040?

①
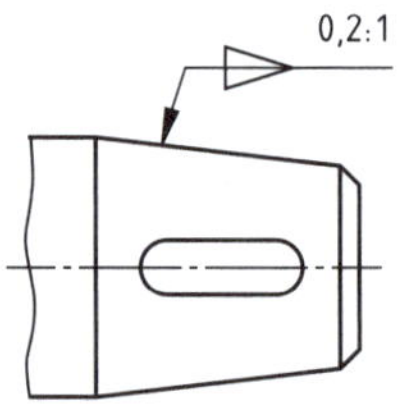

②
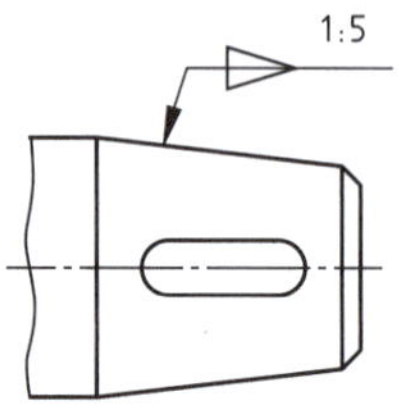

③
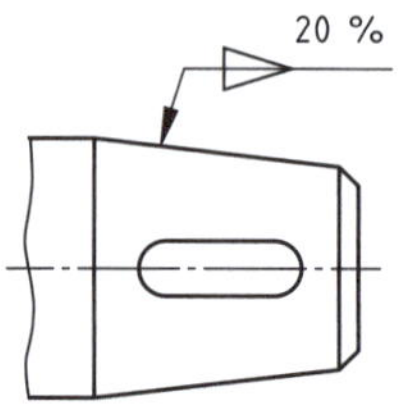

④
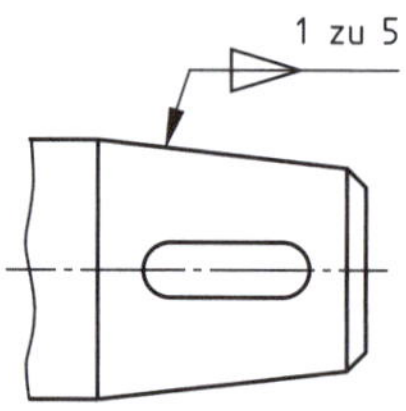

⑤
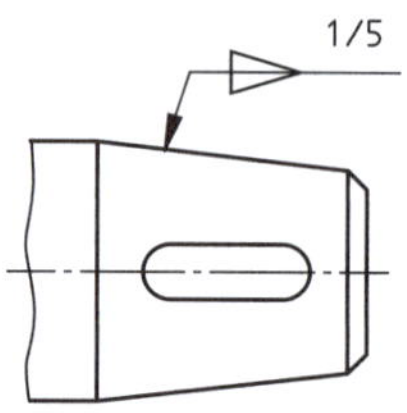

Aufgabe 4

Welche Behauptung über Maßlinien ist richtig?

① Der Abstand zwischen zwei Maßlinien beträgt immer 8 mm.

② Maßlinien sind schmale Strichpunktlinien.

③ Maßlinien dürfen nicht innerhalb eines Werkstückes eingetragen werden.

④ Maßlinien werden bei Längenmaßen parallel zur bemaßenden Länge eingetragen.

⑤ Maßlinien dürfen nur durch Maßpfeile begrenzt werden.

Aufgabe 5

Welche Abmessungen hat ein Maßpfeil?

① Pfeillänge 3 mm, Schenkelwinkel 15°

② Pfeillänge 5 mm, Schenkelwinkel 12°

③ Pfeillänge = Schrifthöhe *h*, Schenkelwinkel 30°

④ Pfeillänge 5 x Maßlinienbreite, Schenkelwinkel 10°

⑤ Pfeillänge 3 mm, Pfeilbreite 2 mm

Maßeintragung

Aufgabe 1

Welche Aussage über Maßwerte ist falsch?

① Maßwerte stehen oberhalb der Maßlinie.

② Maßwerte sind von unten und rechts lesbar.

③ Maßwerte werden in Normschrift eingetragen.

④ Maßwerte haben eine Mindestgröße von 5 mm.

⑤ Maßwerte werden bei mehreren parallelen Maßlinien versetzt untereinander eingetragen.

Aufgabe 2

Welches Maß ist nicht normgerecht eingetragen?

① Maß 60

② Maß 45

③ ø 13

④ 2 x 45°

⑤ M8

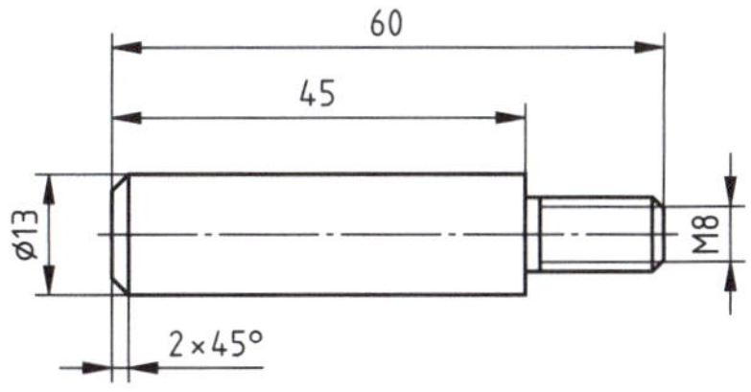

Aufgabe 3

Welche Bemaßung ist normgerecht?

① ② ③ ④ ⑤

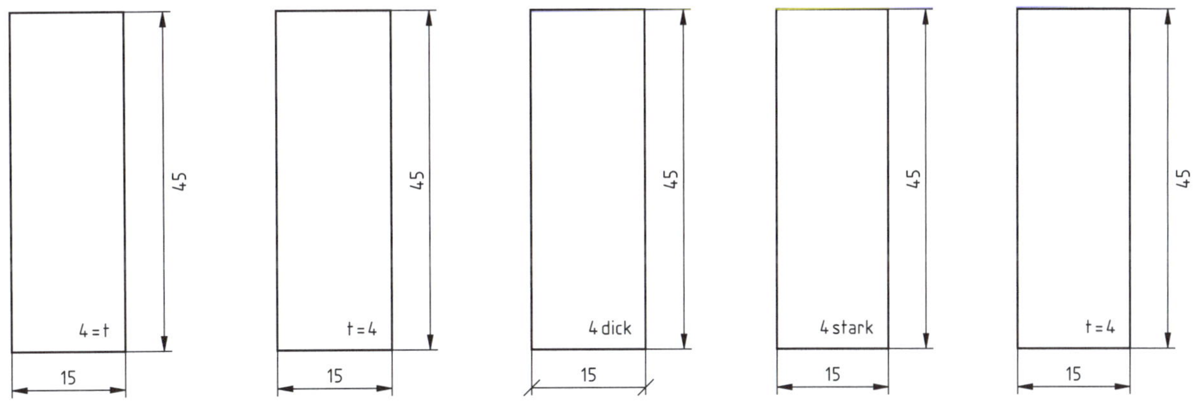

Aufgabe 4

Welche Aussage zu den abgebildeten Maßwerten ist falsch?

① (20) Hilfsmaß

② [20] Rohmaß

③ 20 Passmaß

④ 20 Theoretisch genaues Maß

⑤ (20) Prüfmaß

Aufgabe 5

Zeichnen Sie das abgebildete Innengewinde als vereinfachte Darstellung mit vereinfachter Bemaßung.

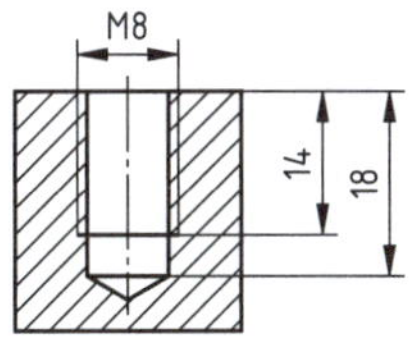

Geometrische Produktspezifikation

Aufgabe 1

Was versteht man nach DIN EN ISO 14405-1; -2 unter lineare Maße?

Aufgabe 2

Welches ist kein Grundsatz zur Zeichnungsinterpretation nach DIN EN ISO 8015?

① Grundsatz des starren Werkstücks

② Grundsatz der Standardfestlegung

③ Grundsatz des Geometrieelementes

④ Grundsatz der Zeichnungsvereinfachung

⑤ Grundsatz der Referenzbedingungen

Aufgabe 3

Vervollständigen Sie den Aufbau und die Rangordnung der ISO-GPS-Normen.

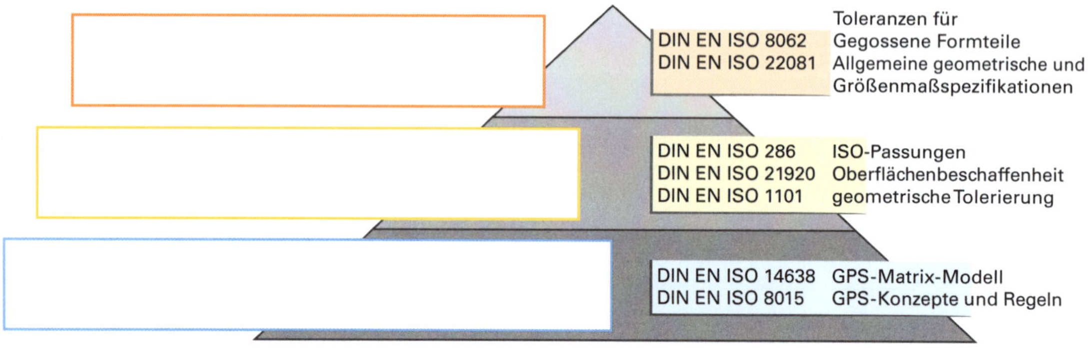

Aufgabe 4

Welche Bedeutung hat der Grundsatz der Referenzbedingungen nach DIN EN ISO 8015?

① 0 °C, poliert

② 0 °C, geschliffen

③ 20 °C, frei von Verunreinigungen (ISO1)

④ 20 °C, $R_{z\,16}$

⑤ 90 °C, Berarbeitungsspuren rechtwinklig zur Bezugskante des Bauteils

Aufgabe 5

Welches Ziel wird durch das ISO-GPS-System nach DIN EN ISO 14638 verfolgt?

Toleranzangaben

Aufgabe 1

Für welche in einer Zeichnung eingetragenen Maße nach DIN ISO 2768-1 gilt die Allgemeintoleranz nicht?

① Längenmaße

② Passmaße

③ Winkelmaße

④ Form

⑤ Lage

Aufgabe 2

Welche Bedeutung hat das Längenmaß 8 mm?

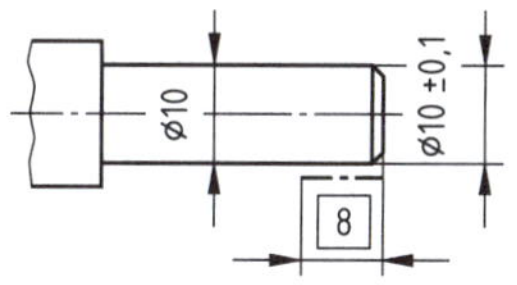

Aufgabe 3

Bemaßen Sie den Durchmesser der abgebildeten Welle gemäß DIN EN ISO 129-1. Die Welle hat das Maß ø20s6, die Bohrung das Maß ø20H7.

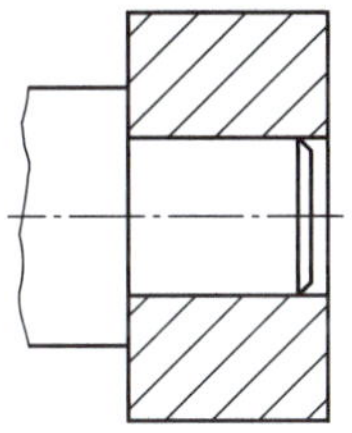

Aufgabe 4

Toleranzangaben können durch Angabe direkt hinter dem Nennmaß angegeben werden. Welche Aussage ist richtig?

① Das Abmaß für einen Winkel wird ohne Einheit angegeben.

② Abmaße dürfen nicht übereinander angeordnet werden.

③ Er werden immer zwei Abmaße angegeben.

④ Das Abmaß steht immer hinter dem Nennmaß nach einem Leerzeichen.

⑤ Ein Abmaß ist immer positiv.

Aufgabe 5

Markieren Sie die nicht normgerecht eingetragene Toleranzangabe.

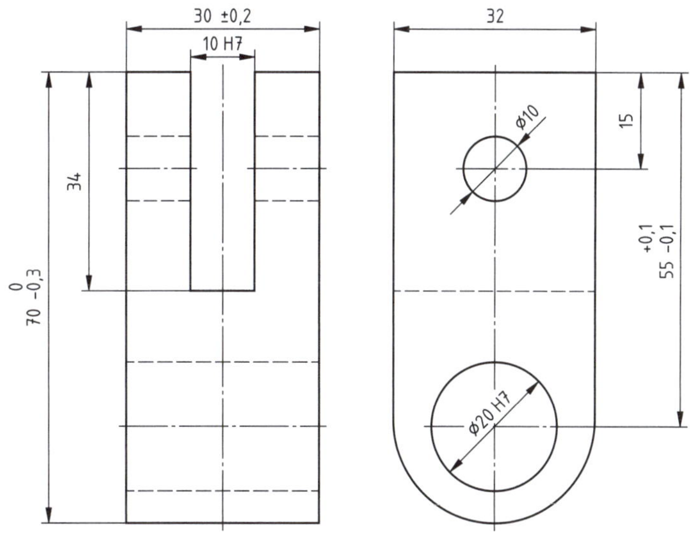

Maschinenelemente

Aufgabe 1

Welches ist die richtige Bezeichnung für das dargestellte Zahnrad?

① Stirnrad
② Kegelrad
③ Schneckenrad
④ Kettenrad
⑤ Oval verzahntes Zahnrad

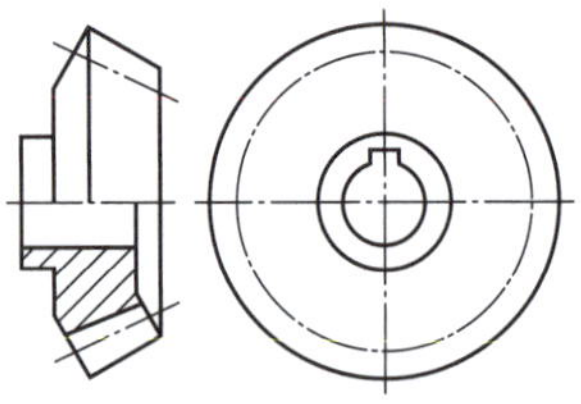

Aufgabe 2

Wofür ist das abgebildete Sinnbild eine vereinfachte Darstellung?

① Zylinderische Schraubendruckfeder aus rundem Draht
② Tellerfederpaket
③ Gewindesteigung
④ Drehfeder
⑤ Raue Oberfläche

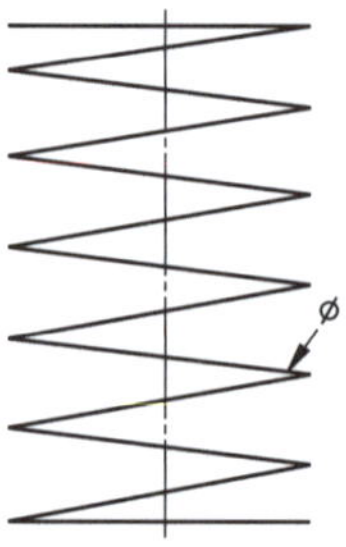

Aufgabe 3

Zeichnen Sie für das abgebildete Wälzlager die vereinfachte Darstellung.

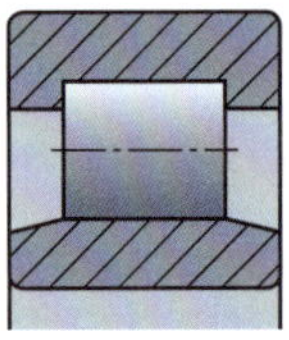

Aufgabe 4

In der vereinfachten Darstellung eines Wellendichtringes wird dieses Element verwendet. Welche Bedeutung hat der Pfeil?

Aufgabe 5

Welches Bild zeigt einen Wellendichtring ohne Staublippe?

①

④
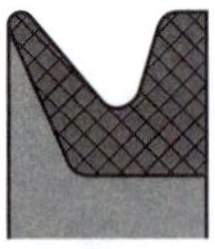

②
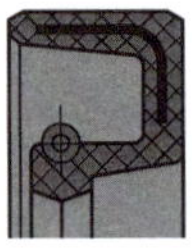

⑤

③

Aufgabe 6

Entschlüsseln Sie folgende Keilwellenbezeichnung: Keilwelle ISO 14-8 x 32 f7 x 38.

Werkstückelemente

Aufgabe 1

Einer Fertigungszeichnung ist folgende Angabe einer zu rändelnden Fläche zu entnehmen: DIN 82-RBR 0,6. Was bedeutet die Angabe RBR?

① Rändel mit achsparallelen Riefen

② Rechtsrändel

③ Linksrändel

④ Links-Rechts-Rändel

⑤ Kreuzrändel

Aufgabe 2

Was bedeutet das abgebildete Zeichen an einer Körperkante?

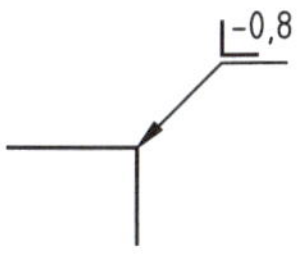

Aufgabe 3

Welches Innengewinde ist normgerecht dargestellt?

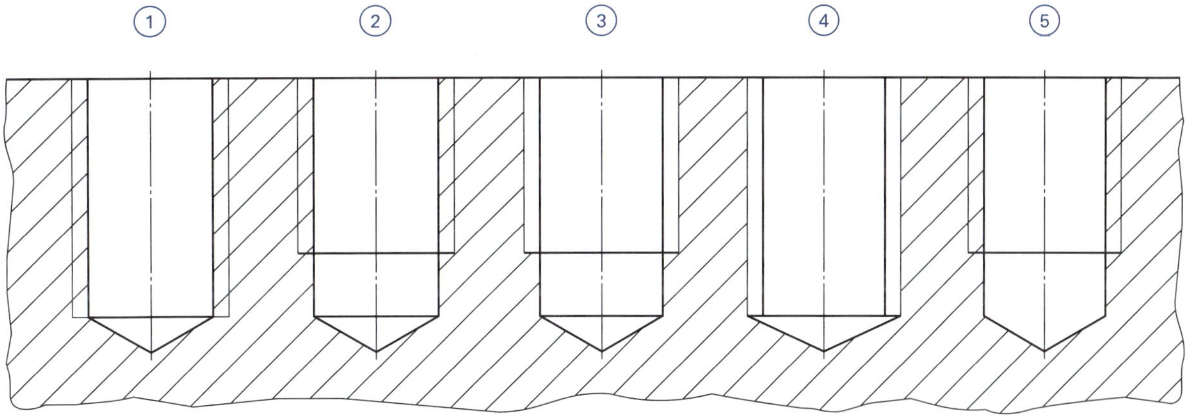

Aufgabe 4

Welchen Radius *r* hat ein Gewindefreistich nach DIN 76-1 für ein metrisches ISO-Außengewinde M20 x 2,5?

① $r = 0{,}2$ mm

② $r = 1{,}2$ mm

③ $r = 2{,}0$ mm

④ $r = 2{,}4$ mm

⑤ $r = 2{,}5$ mm

Aufgabe 5

Welche Bedeutung hat folgende Zeichnungsangabe?

① Zentrierbohrung ist am Fertigteil erforderlich.

② Zentrierbohrung ist am Fertigteil nicht erforderlich.

③ Zentrierbohrung darf am Fertigteil vorhanden sein.

④ Zentrierbohrung darf nicht am Fertigteil vorhanden sein.

⑤ Zentrierbohrung muss nach der Fertigung verschlossen werden.

Schweißen und Löten

Aufgabe 1

Welches der dargestellten Sinnbilder für eine Schweißnaht ist falsch?

①  Bördelnaht

②  Punktnaht

③  Liniennaht

④  U-Naht

⑤  Lochnaht

Aufgabe 2

Welche Bedeutung hat das dargestellte Sinnbild?

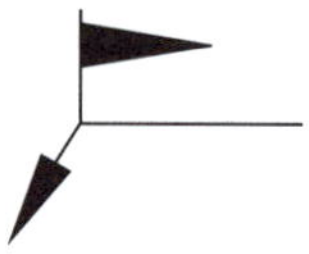

① ringsum verlaufende Naht

② Die Naht muss besonders gekennzeichnet werden

③ winddicht verschweißt

④ Baustellennaht (Naht wird auf der Baustelle gefertigt)

⑤ Kehlnaht

Aufgabe 3

Welche Informationen können Sie der abgebildeten Schweißnahtbemaßung entnehmen?

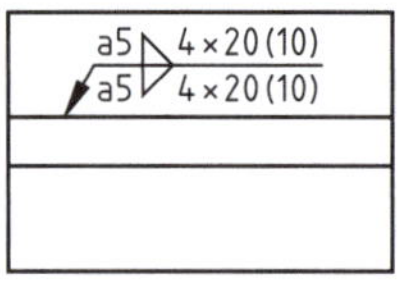

Aufgabe 4

Vervollständigen Sie die Vorderansicht.

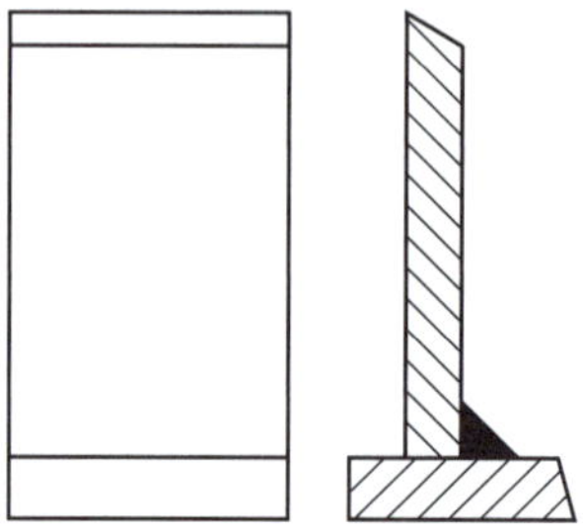

Aufgabe 5

Welche Positionen sind nach DIN EN ISO 2553 gemäß Skizze zu schweißen?

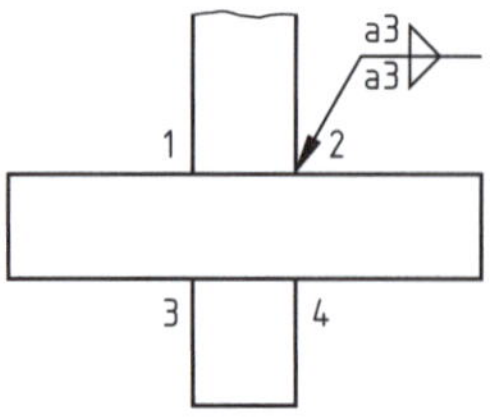

① Position 1 und 2

② Position 1 und 3

③ Position 2 und 4

④ Position 3 und 4

⑤ Position 2 und 3

Aufgabe 6

Welches Sinnbild kennzeichnet nach DIN EN ISO 15785 eine Druckfügeverbindung?

① 

② 

③ 

④ 

⑤ 

Oberflächen

Aufgabe 1

Welchen arithmetischen Mittelwert der Profilordinaten *Ra* lässt sich beim Läppen erreichen?

① *Ra* = 4 µm bis 160 µm

② *Ra* = 0,4 µm bis 10 µm

③ *Ra* = 0,63 µm bis 63 µm

④ *Ra* = 0,006 µm bis 0,8 µm

⑤ *Ra* = 25 µm bis 100 µm

Aufgabe 2

Welche Aussage über das abgebildete Oberflächensymbol ist richtig?

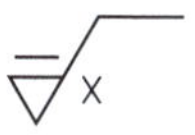

① Alle Fertigungsverfahren erlaubt

② Materialabtrag unzulässig

③ Materialabtrag vorgeschrieben und eine Rillenrichtung senkrecht zur Projektionsebene

④ Oberflächenqualität frei wählbar

⑤ Materialabtrag vorgeschrieben, Rillenrichtung gekreuzt in zwei schrägen Richtungen

Aufgabe 3

Mit einem Oberflächenmessgerät wurde folgendes Oberflächenprofil ermittelt. Berechnen Sie den Rauheitswert *Rz* nach DIN EN ISO 4288.

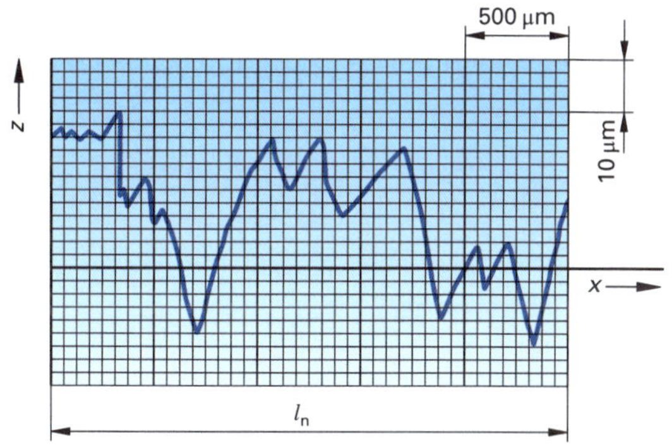

Aufgabe 4

Entschlüsseln Sie die abgebildete Oberflächenangabe.

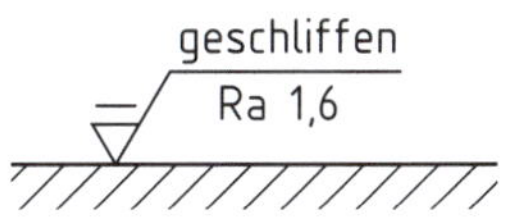

Aufgabe 5

Welcher Rauheitswert wird bei einem Nennmaß von 80 mm und einem ISO-Toleranzgrad 8 empfohlen?

① *Rz* 2,5

② *Rz* 6,3

③ *Rz* 10

④ *Rz* 16

⑤ *Rz* 32

Toleranzen und Passungen

Aufgabe 1

Was versteht man in der Prüftechnik unter dem Begriff „Toleranz“?

① Die Toleranz ist die Differenz zwischen Höchstmaß und Mindestmaß.

② Die Toleranz ist die Differenz zwischen Nennmaß und Höchstmaß.

③ Die Toleranz ist die Differenz zwischen Nennmaß und Mindestmaß.

④ Die Toleranz ist der geplante Fügezustand zwischen Bohrung und Welle.

⑤ Die Toleranz ist der Abstand zwischen Nulllinie und Höchstmaß.

Aufgabe 2

Eine Welle ist mit Ø 32 ±0,3 bemaßt. Bei der Qualitätskontrolle von fünf Wellen wurden die angegebenen Maße ermittelt.
Welches der genannten Maße liegt außerhalb der Toleranz *T*?

① Ø 32,3 mm

② Ø 32,2 mm

③ Ø 32,0 mm

④ Ø 31,8 mm

⑤ Ø 31,6 mm

Aufgabe 3

Dem Schriftfeld der abgebildeten Zeichnung ist der Eintrag „Allgemeintoleranzen DIN ISO 2768-m“ zu entnehmen. Bestimmen Sie das Höchstmaß, das Mindestmaß und die Toleranz der gekennzeichneten Maße.

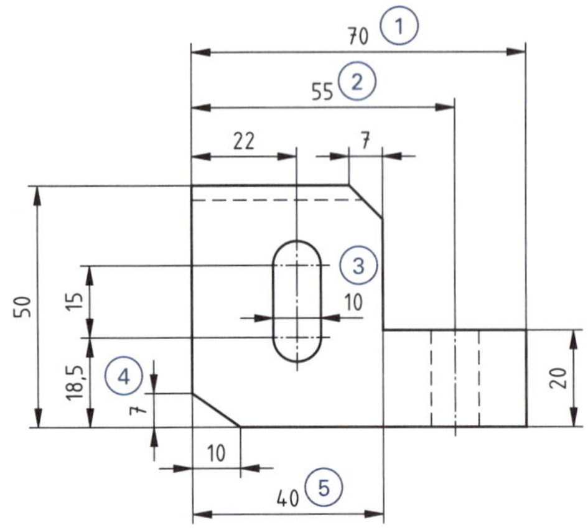

	Nennmaß	Höchstmaß	Mindestmaß	Toleranz
1				
2				
3				
4				
5				

Aufgabe 4

Ein Bolzen hat das Passmaß $25^{+0{,}05}_{-0{,}03}$. Wie groß ist die Toleranz *T*?

① *T* = 0,05 mm

② *T* = 0,03 mm

③ *T* = 0,08 mm

④ *T* = 0,3 mm

⑤ *T* = 0,5 mm

Aufgabe 5

Wodurch wird die Toleranzklasse einer Bohrung gemäß ISO-System für Grenzmaße und Passungen bezeichnet?

① Durch einen großen Buchstaben.

② Durch einen kleinen Buchstaben.

③ Durch eine Zahl.

④ Durch einen großen Buchstaben mit Zahl.

⑤ Durch einen kleinen Buchstaben mit Zahl.

Toleranzen und Passungen

Aufgabe 1

Welche der genannten Passungen ist eine Übermaßpassung?

① H7/e8

② H7/g6

③ H7/h6

④ H7/s6

⑤ H7/j6

Aufgabe 2

Wie groß ist das Mindestmaß G_{uB} der Bohrung Ø 15 H7?

① G_{uB} = 15,00 mm

② G_{uB} = 15,18 mm

③ G_{uB} = 15,018 mm

④ G_{uB} = 14,82 mm

⑤ G_{uB} = 14,982 mm

Aufgabe 3

Eine Nabe Ø 28 H7 soll mit einer Welle Ø 28 k6 gefügt werden.

a) Welche Passungsart entsteht?

b) Welches Höchstmaß G_{oB} hat die Bohrung?

c) Welches Mindestmaß G_{uW} hat die Welle?

d) Zeichnen Sie beide Toleranzintervalle.

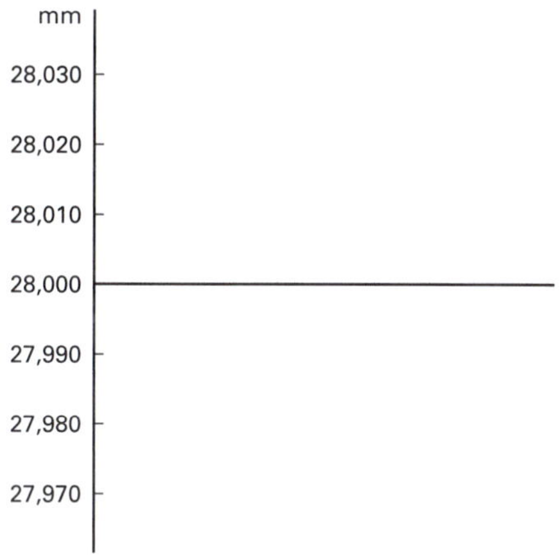

Aufgabe 4

Welche Information kann dem Passmaß 32 k6 nicht entnommen werden?

① Es handelt sich um ein Außenmaß.

② Nennmaß N = 32 mm

③ Unteres Abmaß ei = 0,002 mm

④ Oberes Abmaß es = 0,018 mm

⑤ Passungsart

Aufgabe 5

Wie groß ist das Mindestspiel P_{SM} der Passung 16 H7/g6?

① P_{SM} = 0,006 mm

② P_{SM} = 0,017 mm

③ P_{SM} = 0,018 mm

④ P_{SM} = 0,035 mm

⑤ P_{SM} = 0,35 mm

Dimensionelle Tolerierung

Aufgabe 1

Was ist unter dem „Unabhängigkeitsprinzip“ nach DIN EN ISO 8015 zu verstehen?

Aufgabe 2

Wofür steht der abgebildete Zeichnungseintrag (LP)?

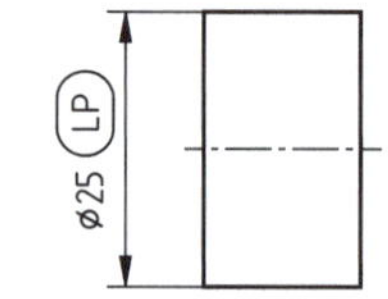

① Hüllbedingung

② Hüllelement

③ Pferchelement

④ mittleres Maß

⑤ Zweipunktmaß

Aufgabe 3

Welches tolerierte Merkmal gehört nicht zu den Formtoleranzen nach DIN EN ISO 1101?

① Ebenheit

② Geradheit

③ Zylinderform

④ Rechtwinkligkeit

⑤ Rundheit

Aufgabe 4

Welches Symbol gehört zu dem Modifikatoren für tolerierte Geometrieelemente „GE“?

① CZ kombinierte Zone

② LD kleinster Durchmesser

③ T Abweichungsspanne

④ N kleinstes umschriebenes GE

⑤ VA unspezifizierte versetzte Zonen

Aufgabe 5

Welche Maße gehören nicht zu den Spezifikationsmodifikatoren für Längenmaße nach DIN EN ISO 14405-1?

① Lokale Größenmaße

② Globale Größenmaße

③ Berechnete Größenmaße

④ Geprüfte Größenmaße

⑤ Rangordnung Größenmaße

Aufgabe 6

Erklären Sie folgende Tolerierung in einer Zeichnung nach DIN EN ISO 1101.

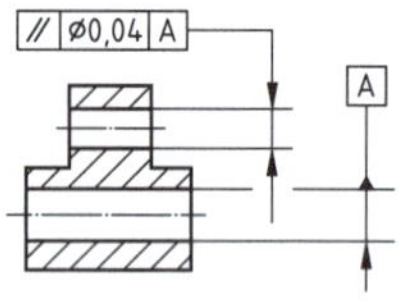

Geometrische Tolerierung

Aufgabe 1

In welcher Antwort ist kein Indikator für Ebenen- und Geometrieelemente nach DIN EN ISO 1101 angegeben?

① Kollektionsebenen-Indikator

② Richtungselement-Indikator

③ Schnittebenen-Indikator

④ Fertigungsbezugsebenen-Indikator

⑤ Orientierungsebenen-Indikator

Aufgabe 2

Welche Bedeutung hat die dargestellte Geometrische Tolerierung?

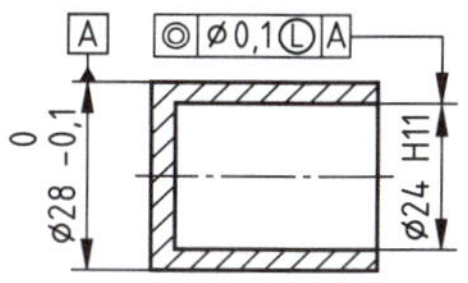

Aufgabe 3

Welches Sinnbild kennzeichnet nach DIN EN ISO 1101 eine Ortstoleranz?

① 

② 

③ 

④ 

⑤ 

Aufgabe 4

Welche Spezifikationsmodifikation nach DIN EN ISO 14405-1, -3 gelten für Längen- und Winkelmaße?

① (CC)

② (LP)

③ (GX)

④ (GN)

⑤ (SM)

Aufgabe 5

Erläutern Sie die geometrische Tolerierung nach DIN EN ISO 1101.

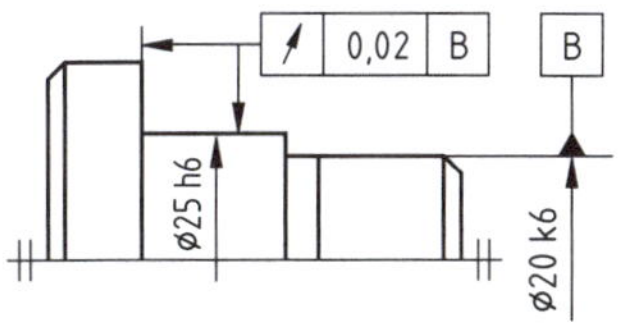

Stoffe

Aufgabe 1

Bei welcher Temperatur ϑ entzündet sich Benzin?

① 170 °C

② 220 °C

③ 400 °C

④ 520 °C

⑤ 550 °C

Aufgabe 2

Welche Dichte ϱ hat Silicium (Si)?

① 2,11 kg/dm^3

② 2,22 kg/dm^3

③ 2,33 kg/dm^3

④ 2,44 kg/dm^3

⑤ 2,55 kg/dm^3

Aufgabe 3

Welcher Hauptgruppe und welcher Periode gehört das Leichtmetall Magnesium (Mg) an?

① Hauptgruppe 1 (I A), Periode 4

② Hauptgruppe 2 (II A), Periode 4

③ Hauptgruppe 2 (II A), Periode 1

④ Hauptgruppe 2 (II A), Periode 2

⑤ Hauptgruppe 2 (II A), Periode 3

Aufgabe 4

Bei welcher Temperatur wird die Dichte von gasförmigen Stoffen angegeben?

① 0 °C

② 10 °C

③ 20 °C

④ 25 °C

⑤ 100 °C

Aufgabe 5

Welche Eigenschaften und welche Verwendung hat Salzsäure (HCl)?

Aufgabe 6

a) Welche Einheit hat der spezifische Widerstand?

b) Bei welcher Temperatur wird der spezifische Widerstand angegeben?

Stoffe

Aufgabe 1

Wieviel Gewicht wird eingespart in Prozent, wenn anstatt eines Bleches aus legiertem Stahl mit t = 1,0 mm ein Aluminiumblech mit t = 1,5 mm verwendet wird?

Aufgabe 2

Wie groß ist die spezifische Verdampfungswärme r von Benzin?

① 337 kJ/kg

② 419 kJ/kg

③ 500 kJ/kg

④ 628 kJ/kg

⑤ 700 kJ/kg

Aufgabe 3

Welcher Stoff besitzt den kleinsten Längenausdehnungskoeffizient α_l?

① Aluminium

② Zink

③ Stahl (legiert)

④ Titan

⑤ Glas (Quarzglas)

Aufgabe 4

Welche Einheit besitzt der Volumenausdehnungskoeffizient α_V?

① kJ/kg

② kJ/(kg K)

③ 1/°C oder 1/K

④ W/(m · K)

⑤ kg/dm³

Aufgabe 5

Welcher der angegebenen Stoffe ist bei Raumtemperatur nicht gasförmig?

① Äthyläther

② Butan

③ Frigen

④ Methan

⑤ Propan

Aufgabe 6

Bei welchem Element handelt es sich nicht um ein Schwermetall?

① Zink

② Chrom

③ Mangan

④ Vanadium

⑤ Titan

Stoffe

Aufgabe 1

Bei welchem pH-Wert ist eine wässerige Lösung neutral?

① pH-Wert 0
② pH-Wert 1
③ pH-Wert 2
④ pH-Wert 7
⑤ pH-Wert 10

Aufgabe 2

Welcher der genannten Werkstoffe hat die höchste Schmelztemperatur?

① Kupfer
② Magnesium
③ Stahl
④ Gusseisen
⑤ Aluminium

Aufgabe 3

Welches der genannten Elemente besitzt die geringste Dichte?

① Chrom
② Kupfer
③ Eisen
④ Mangan
⑤ Nickel

Aufgabe 4

In welcher Antwort sind die Stoffe nach steigender Wärmeleitfähigkeit angegeben?

① Titan, Wolfram, Nickel, Magnesium
② Titan, Nickel, Magnesium, Wolfram
③ Wolfram, Nickel, Titan, Magnesium
④ Magnesium, Nickel, Titan, Wolfram
⑤ Titan, Nickel, Wolfram, Magnesium

Aufgabe 5

Welche Eigenschaften hat der Inhalt der abgebildeten Acetylen-Gasflasche?

① reaktionsfreudig, farblos, hoch explosiv
② brennbar, nicht explosiv, farblos
③ farblos, ölig, nicht brennbar
④ farblose Kristalle, gasförmig, ölig
⑤ nicht brennbar, flüssig, farblos

Aufgabe 6

Was bezeichnet man als Oxid?

① Kohlenstoffverbindung
② Sauerstoffverbindung
③ Stickstoffverbindung
④ Schwefelverbindung
⑤ Lösemittelverbindung

Stähle, Bezeichnungssystem

Aufgabe 1

Wie viel Prozent Eisen enthält etwa der Vergütungsstahl 42CrMo4?

Aufgabe 2

Welcher Stahlgruppe ist der abgebildete Bohrer aus HS 6-5-2-5 zuzuordnen?

① Schnellarbeitsstahl

② Automatenstahl

③ Unlegierter Stahl

④ Einsatzstahl

⑤ Maschinenbaustahl

Aufgabe 3

Geben Sie die chemische Zusammensetzung folgender Stähle an.

16MnCr5

31CrV4

17CrNi6-6

X2CrNiMoN 25-6-3

C45

Aufgabe 4

Was bedeutet die Zahl 335 bei der Werkstoffbezeichnung E335?

① Bruchdehnung $A = 335\,\%$

② Zugfestigkeit $R_m = 335\ N/mm^2$

③ Streckgrenze $R_e = 335\ N/mm^2$

④ Dichte $\varrho = 3{,}35\ kg/dm^3$

⑤ Spezifische Schmelzwärme $q = 335\ kJ/kg$

Aufgabe 5

Welche der aufgeführten Antworten ist für die Werkstoffbezeichnung X12Cr13 richtig?

① Stahl mit einem Mangangehalt > 1 %

② Automatenstahl mit 12 % Schwefel

③ Hochlegierter Stahl, mindestens ein Legierungselement liegt über 5 %

④ Werkzeugstahl

⑤ Legierter Stahl mit 4,5 % Chrom

Baustähle

Aufgabe 1

Welche Zugfestigkeit R_m besitzt der Stahl S275JR?

① R_m = 290 … 510 N/mm²

② R_m = 275 N/mm²

③ R_m = 360 … 510 N/mm²

④ R_m = 410 … 560 N/mm²

⑤ R_m = 550 … 720 N/mm²

Aufgabe 2

Wofür steht der Buchstabe S bei der Stahlbezeichnung S235JR?

① Stahl für den Stahlbau

② Stahl für den Druckbehälterbau

③ Stahl für den Maschinenbau

④ Automatenstahl

⑤ Einsatzstahl

Aufgabe 3

Die Laufschiene des abgebildeten Deckenkranes ist aus S355JR gefertigt.

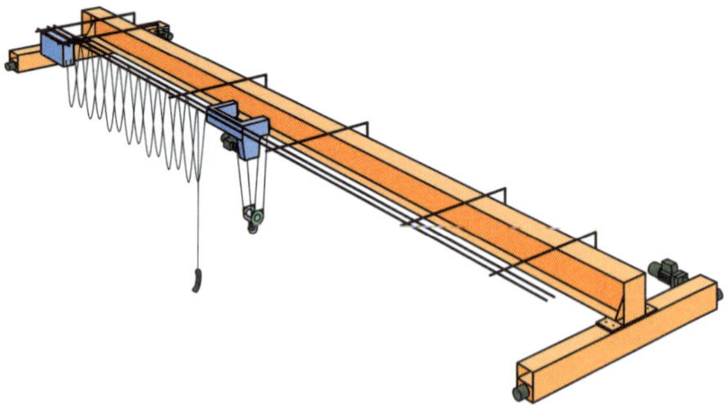

a) Welche Werkstoffnummer hat dieser Stahl nach DIN EN 10025-2?

b) Welche Zugfestigkeit R_m hat der gewählte Stahl?

c) Welche Streckgrenze R_e hat der gewählte Stahl für eine Erzeugnisdicke von 30 mm?

Aufgabe 4

Welches Legierungselement erhöht die Schweißbarkeit eines Stahles?

① Aluminium

② Schwefel

③ Silicium

④ Chrom

⑤ Nickel

Aufgabe 5

Welcher der genannten Stähle eignet sich gut zum Kaltziehen?

① S185

② S275JR

③ S620Q

④ S235JRC

⑤ E295

Einsatzstähle, Vergütungsstähle

Aufgabe 1

Welcher der genannten Werkstoffe ist ein unlegierter Vergütungsstahl?

① C15E
② C45
③ 35S20
④ S235JR
⑤ E335

Aufgabe 2

Die abgebildete Schnecke ist aus 1.7034+QT gefertigt. Was bedeutet in der angegebenen Werkstoffbezeichnung +QT?

① normalgeglüht
② vergütet
③ angelassen
④ Quality Tool
⑤ warmgewalzt

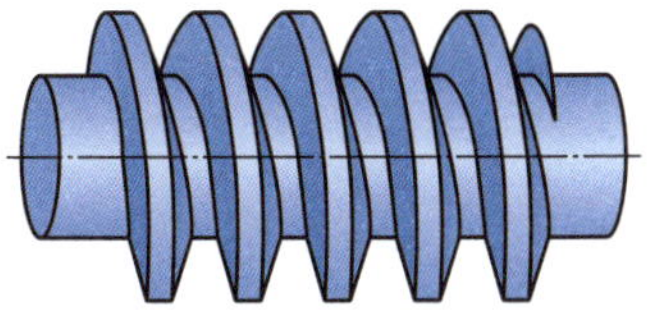

Aufgabe 3

Ein Zahnrad ist aus 17NiCrMo6-4 gefertigt.

a) Welche Zugfestigkeit R_m weist dieser Werkstoff auf?

b) Welche Härte HB weist der Werkstoff im Lieferzustand +A (weichgeglüht) auf?

Aufgabe 4

Gegeben ist der legierte Einsatzstahl 20MoCr4+FP.

a) Wie hoch ist die Härte HB im Lieferzustand?

b) Welche Werkstoffnummer hat dieser Stahl?

Aufgabe 5

Welcher der angegebenen Werkstoffe ist für die abgebildete, mit hoher wechselnder Beanspruchung belastete Gelenkwelle besonders geeignet?

① C15E
② C45
③ 28CrS4
④ 15NiCr13
⑤ 16MnCrB5

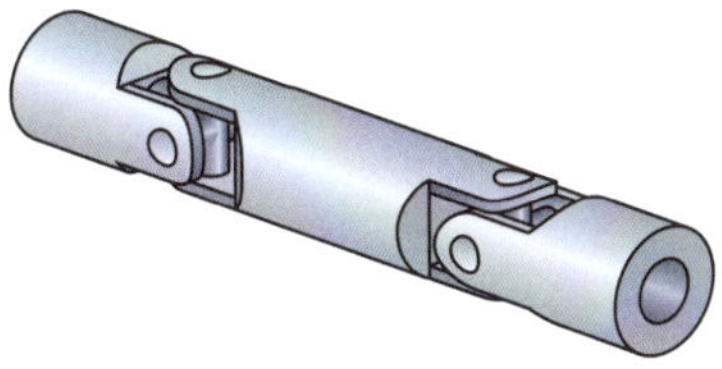

Aufgabe 6

Welcher der genannten Werkstoffe besitzt die höchste Bruchdehnung?

① 41Cr4
② C25E
③ 27MnCrB5-2
④ 42CrMo4
⑤ 28Mn6

Werkzeugstähle, Nichtrostende Stähle, Federstähle

Aufgabe 1

Welche Federstahldrahtsorte eignet sich für hohe statische Belastungsfälle?

① SL
② SM
③ SH
④ DM
⑤ GV

Aufgabe 2

Nennen Sie den Härtetemperaturbereich und den Anlasstemperaturbereich in °C für den Werkstoff C105U.

Aufgabe 3

Die skizzierte Feder ist aus 55Cr3 gefertigt.

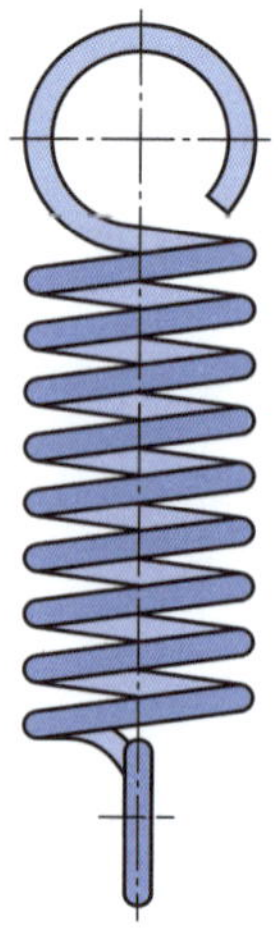

a) Welche Werkstoffnummer hat dieser Stahl?

b) Wie viel Prozent Kohlenstoff enthält dieser Werkstoff?

c) Nennen Sie fünf Eigenschaften, die durch das Legierungselement Chrom erhöht werden.

Aufgabe 4

Welche Zugfestigkeit R_m besitzt der korrosionsbeständige Stahl X2CrNi19-11 bei einem kaltgewalzt gelieferten Querschnitt von 50 mm x 50 mm?

① $R_m = 540 \dots 720$ N/mm²
② $R_m = 460 \dots 680$ N/mm²
③ $R_m = 500 \dots 800$ N/mm²
④ $R_m = 450 \dots 620$ N/mm²
⑤ $R_m = 700 \dots 950$ N/mm²

Aufgabe 5

Welcher der aufgeführten Werkstoffe ist korrosionsbeständig?

① C15E
② S235JR
③ X6Cr13
④ E360
⑤ 35SPb20

Nitrierstähle, Automatenstähle

Aufgabe 1

Welche Bruchdehnung A besitzt der Nitrierstahl 41CrAlMo7-10 bei einer Erzeugnisdicke von 60 mm im vergüteten Zustand?

① $A = 10\ \%$

② $A = 11\ \%$

③ $A = 12\ \%$

④ $A = 13\ \%$

⑤ $A = 14\ \%$

Aufgabe 2

Welcher Bestandteil eines Werkstoffes ist kennzeichnend für Automatenstähle?

① Kupfer

② Mangan

③ Silicium

④ Schwefel

⑤ Aluminium

Aufgabe 3

Die abgebildete Nockenwelle wird aus 42CrMo4 gefertigt.

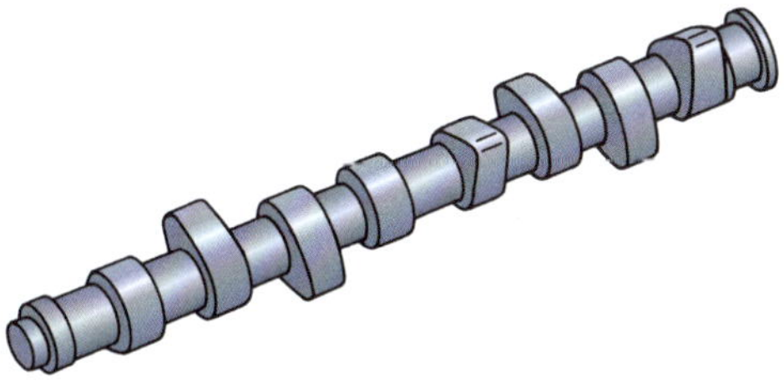

a) Geben Sie die chemische Zusammensetzung des Werkstoffes an.

b) Wie hoch ist die Zugfestigkeit R_m?

c) Wie hoch ist die Bruchdehnung A?

Aufgabe 4

Welche Bedeutung hat das Zusatzsymbol des warmgewalzten Automatenstahls 35S20+U?

① vergütet

② unbehandelt

③ ultraschallgeprüft

④ U-Stahl

⑤ ultraschallgeschweißt

Aufgabe 5

Welcher Werkstoff eignet sich nicht zur Herstellung einer nitrierten Kolbenstange?

① 31CrMo12

② 31CrMoV9

③ 10S20

④ 41CrAlMo7-10

⑤ 34CrAlNi7-10

Bleche, Bänder, Rohre

Aufgabe 1

Welche Angabe für eine Oberflächenbehandlung von Blechen und Bändern entspricht nicht der Norm DIN EN 10346?

① C – chemisch passiviert

② O – geölt

③ P – phosphatiert

④ S – versiegelt

⑤ L – lackiert

Aufgabe 2

Welche Güteklasse für Kaltumformung besitzt das schmelztauchveredelte Blech DX53D+Z?

① Maschinenfalzgüte

② Ziehgüte

③ Tiefziehgüte

④ Sondertiefziehgüte

⑤ Spezialtiefziehgüte

Aufgabe 3

Das abgebildete, nahtlose Präzisionsstahlrohr hat eine Länge von 350 mm.

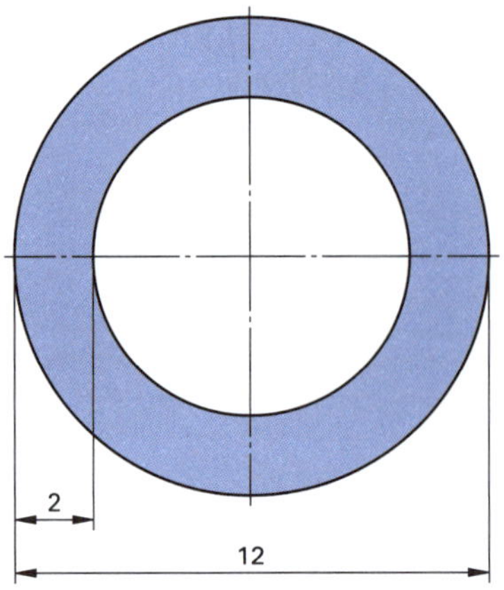

a) Ermitteln Sie den Tabellenwert der Querschnittsfläche S in cm^2.

b) Berechnen Sie die Masse m in kg für 5000 Rohre mithilfe der längenbezogenen Masse m'.

Aufgabe 4

In einer Stückliste ist der Kurzname HC180B für ein kaltgewalztes Blech gelistet.

a) Nennen Sie die Werkstoffnummer für diesen Stahl.

b) Welche Zugfestigkeit R_m besitzt dieser Werkstoff?

Aufgabe 5

In welcher DIN EN sind warm gewalzte Bleche und Bänder genormt?

① DIN EN 10305

② DIN EN 10130

③ DIN EN 10051

④ DIN EN 10268

⑤ DIN EN 10297

Stabstahl, Winkelstahl

Aufgabe 1

Welches der abgebildeten Profile ist kein genormtes, warmgewalztes Stahlprofil?

① 

② 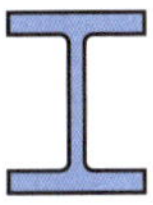

③ 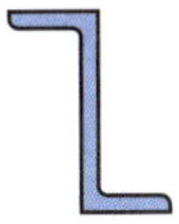

④ 

⑤ 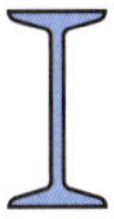

Aufgabe 2

Bestimmen Sie für das Stahlprofil „T-Profil EN 10055 – T70 – S235JR" die Querschnittsfläche *S* und die längenbezogene Masse *m'*.

Aufgabe 3

Welche Informationen können der Bezeichnung
Rundstab „EN 10060 – 36 x 3000 E – Stahl EN 10087 – 10S20" entnommen werden?

Aufgabe 4

Wie groß ist für das warmgefertigte Hohlprofil „DIN EN 10210 – 50 x 50 x 3,2 – S355J0" das polare Widerstandsmoment W_p?

① $W_p = 7{,}10\ cm^3$

② $W_p = 8{,}54\ cm^3$

③ $W_p = 10{,}20\ cm^3$

④ $W_p = 12{,}4\ cm^3$

⑤ $W_p = 17{,}70\ cm^3$

Aufgabe 5

Wie groß ist die flächenbezogene Masse *m"* für ein Stahlblech $s = 2$ mm mit einer Dichte $\varrho = 7{,}85\ kg/dm^3$?

① $m'' = 2{,}00\ kg/m^2$

② $m'' = 7{,}85\ kg/m^2$

③ $m'' = 15{,}7\ kg/m^2$

④ $m'' = 19{,}6\ kg/m^2$

⑤ $m'' = 31{,}4\ kg/m^2$

Wärmebehandlung von Stählen

Aufgabe 1

Wie bezeichnet man das dargestellte Gefüge eines unlegierten Stahls bei Raumtemperatur mit einem Kohlenstoffgehalt von 0,8 %?

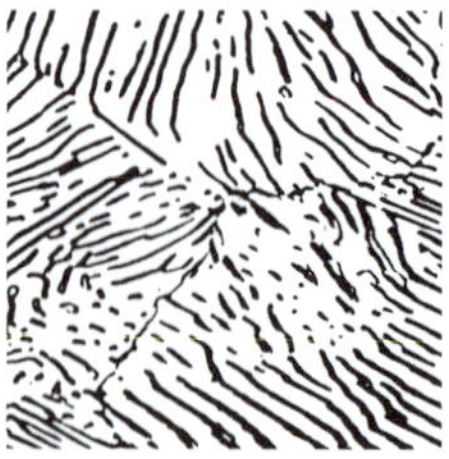

① Ferrit

② Ferrit und Perlit

③ Perlit

④ Austenit

⑤ Perlit und Korngrenzen-zementit

Aufgabe 2

Nennen Sie den Härtetemperaturbereich in °C und das Abkühlmittel für den Stahl C70U.

Aufgabe 3

Tragen Sie in dem dargestellten Diagramm die Temperaturbereiche folgender Glühverfahren ein:

a) Spannungsarmglühen

b) Normalglühen

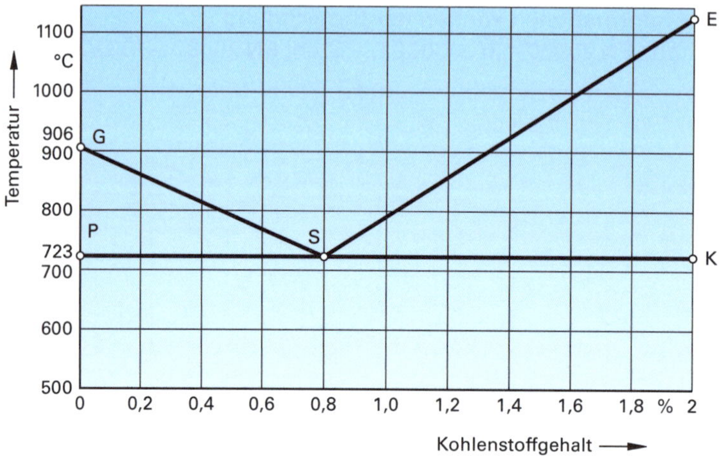

Aufgabe 4

Mit welcher Lösungsglühtemperatur muss die Legierung Al Cu4MgSi beim Aushärten behandelt werden?

① 525 °C

② 500 °C

③ 470 °C

④ 800 °C

⑤ 225 °C

Aufgabe 5

Welches Glühverfahren eignet sich, um ein grobkörniges Gefüge nach einem Schmiedevorgang feiner zu machen?

① Diffusionsglühen

② Weichglühen

③ Spannungsarmglühen

④ Normalglühen

⑤ Rekristallisationsglühen

Wärmebehandlung von Stählen

Aufgabe 1

Welches Wärmebehandlungsverfahren wird in dem skizzierten Temperatur-Zeit-Diagramm dargestellt?

① Härten
② Nitrieren
③ Vergüten
④ Normalglühen
⑤ Einsatzhärten

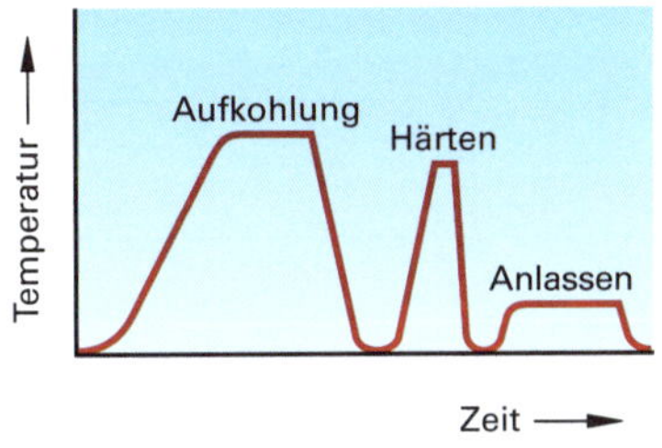

Aufgabe 2

Der Stahl 34Cr4 soll vergütet werden. Nennen Sie den Anlasstemperaturbereich und die Anlassdauer.

Aufgabe 3

a) Beschreiben Sie das Wärmebehandlungsverfahren Nitrieren.
b) Wodurch entsteht eine verschleißfeste Oberfläche?

Aufgabe 4

Welches Abkühlmittel wird beim Härten des Stahls 102Cr6 eingesetzt?

① Öl
② Luft
③ Wasser
④ Benzin
⑤ Kühlschmierstoff

Aufgabe 5

Wie hoch ist beim Einsatzhärten des Stahls C15E die Randhärtetemperatur?

① 150 … 200 °C
② 200 … 300 °C
③ 470 … 600 °C
④ 780 … 820 °C
⑤ über 850 °C

Gusseisen

Aufgabe 1

Welche Kerbschlagarbeit K_v weist der Stahlguss GE300 auf?

① $K_v = 32$ J

② $K_v = 30$ J

③ $K_v = 27$ J

④ $K_v = 31$ J

⑤ $K_v = 50$ J

Aufgabe 2

Welche Informationen können Sie dem Kurznamen EN-GJS-HB155 entnehmen?

Aufgabe 3

Die Gefügebilder zeigen Gusseisen mit Lamellengrafit und Gusseisen mit Kugelgrafit.
Nennen Sie jeweils 3 Eigenschaften.

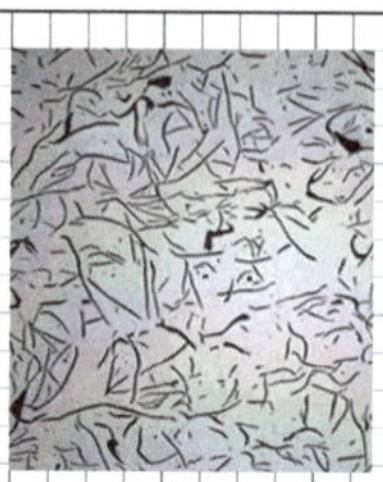

Gusseisen mit Lamellengrafit

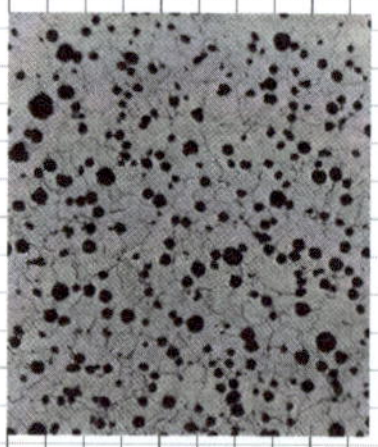

Gusseisen mit Kugelgrafit

Aufgabe 4

Welche Zugfestigkeit R_m besitzt der Temperguss EN-GJMB-600-3?

① $R_m = 603$ N/mm²

② $R_m = 630$ N/mm²

③ $R_m = 300$ N/mm²

④ $R_m = 600$ N/mm²

⑤ $R_m = 360$ N/mm²

Aufgabe 5

Welcher Gusseisenwerkstoff ist besonders für den Bau von Heißdampfarmaturen geeignet?

① EN-GJS-700-2

② GE200

③ EN-GJMW-450-7

④ GP240GH

⑤ EN-GJL-300

Gießereitechnik

Aufgabe 1

Welche Oberflächenrauheit R_z lässt sich beim Feingießen bei üblicher Fertigung erreichen?

① R_z = 6,3 … 25 µm

② R_z = 10 … 63 µm

③ R_z = 2,5 … 6,3 µm

④ R_z = 4 … 250 µm

⑤ R_z = 25 … 160 µm

Aufgabe 2

Wie groß ist das Schwindmaß bei einem Bauteil aus Manganhartstahlguss?

① 0,5 %

② 1,0 %

③ 1,3 %

④ 1,8 %

⑤ 2,3 %

Aufgabe 3

Das dargestellte Bauteil soll durch das Gießverfahren Druckgießen hergestellt werden.

Bestimmen Sie die Längenmaßtoleranz in mm bei einem Gusstoleranzgrad *DCTG* 3 für die angegebene Bauteilebreite von 120 mm sowie die Fußhöhe von 15 mm.

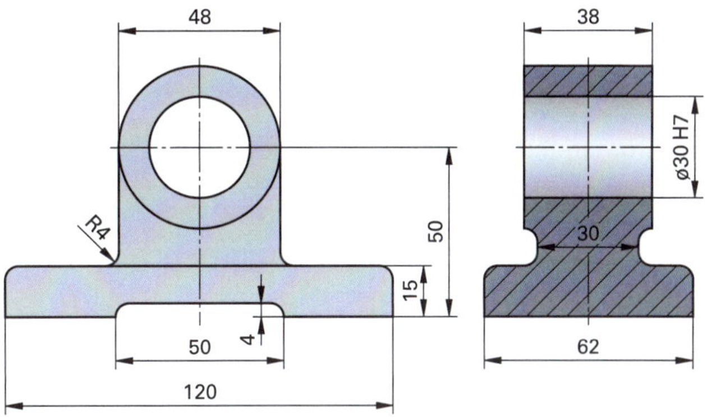

Aufgabe 4

An einem Tempergussbauteil sollen Flächen unbearbeitet bleiben. Wie ist die farbliche Kennzeichnung am Modell?

① blau

② rot

③ gelb

④ grün

⑤ grau

Aufgabe 5

Welche Formschräge T muss ein 40 mm hohes Bauteil besitzen, wenn es in einer Maschinenformerei gefertigt wird?

① T = 1,0 mm

② T = 1,5 mm

③ T = 2,0 mm

④ T = 2,5 mm

⑤ T = 3,0 mm

Leichtmetalle

Aufgabe 1

Wie werden Aluminiumlegierungen eingeteilt?

① Knet- und Drucklegierungen

② Zug- und Drucklegierungen

③ Knet- und Schmiedelegierungen

④ Knet- und Gusslegierungen

⑤ Schmiede- und Gusslegierungen

Aufgabe 2

In welcher Antwort sind die aufgeführten Leichtmetalle nach steigender Dichte sortiert?

① Aluminium, Titan, Magnesium

② Titan, Aluminium, Magnesium

③ Magnesium, Aluminium, Titan

④ Titan, Magnesium, Aluminium

⑤ Aluminium, Magnesium, Titan

Aufgabe 3

Ein stranggepresstes Aluminium-U-Profil 60 x 40 x 4 x 4 nach DIN 9713 wird für eine gewichtsoptimierte Konstruktion im Schienenfahrzeugbau verwendet.

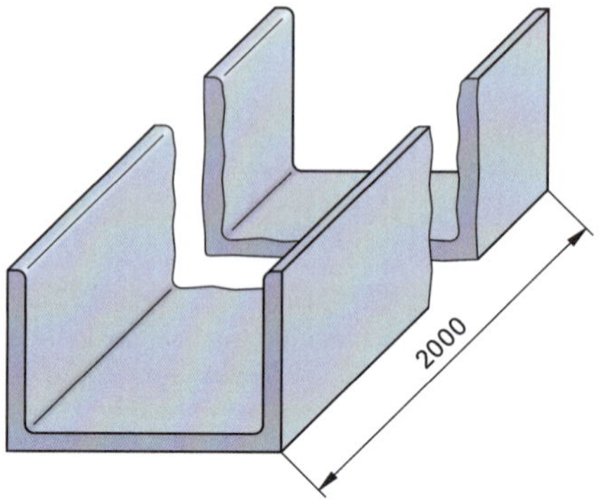

a) Bestimmen Sie die Querschnittsfläche S in cm^2.

b) Bestimmen Sie die Masse m in kg des Bauteils.

c) Geben Sie das axiale Widerstandsmoment W_x in cm^3 des Profils an.

Aufgabe 4

Wofür steht in der Bezeichnung
EN AW – AlMg1SiCu – H112 die Angabe H112?

① geringe Kaltverfestigung

② lösungsgeglüht, warm ausgelagert

③ lösungsgeglüht, kalt ausgelagert

④ entspannt und warm ausgelagert

⑤ thermomechanisch umgeformt

Aufgabe 5

Welche der genannten Magnesium-Gusslegierungen besitzt gute Gleiteigenschaften?

① MCMgAl6Mn

② MCMgAl7Mn

③ MCMgAl4Si

④ MCMgAl8Zn1

⑤ MCMgAl9Zn1

Schwermetalle

Aufgabe 1

Welche der genannten Legierungen ist eine Kupfer-Zink-Legierung?

① CuAl10Ni5Fe3

② CuZn30

③ CuSn6

④ ZP3

⑤ CuAl10Fe2-C

Aufgabe 2

Wie viel Prozent Zinn enthält die Kupfer-Zinnlegierung mit dem Werkstoffkennzeichen CuSn8P?

① 0,80 %

② 0,08 %

③ 0,20 %

④ 8,00 %

⑤ 80,0 %

Aufgabe 3

Nennen Sie je eine Haupteigenschaft für das Anwendungsbeispiel eines Schwermetalls.

Metall/ Anwendungsbeispiel	**Haupteigenschaft**
Ni: Korrosionsschutz von Stahlteilen	
CuZn: Schrauben	
ZnAlCu: feingliedrige Druckgussteile	

Aufgabe 4

Welche Zugfestigkeit R_m besitzt der Werkstoff CuZn21Si3P-C?

① R_m = 70 N/mm²

② R_m = 420 N/mm²

③ R_m = 260 N/mm²

④ R_m = 200 N/mm²

⑤ R_m = 500 N/mm²

Aufgabe 5

Für welches Gießverfahren steht das Zusatzsymbol GS in der Werkstoffbezeichnung für eine Kupferlegierung?

① Schleuderguss

② Strangguss

③ Kokillenguss

④ Druckguss

⑤ Sandguss

Aufgabe 6

Welcher Werkstoff wird zur Abschirmung von Röntgenstrahlen verwendet?

① Titan

② Kupfer

③ Zinn

④ Zink

⑤ Blei

Kunststoffe

Aufgabe 1

Nennen Sie fünf allgemeine Eigenschaften von Kunststoffen.

Aufgabe 2

Welches Kurzzeichen besitzt das Basis-Polymere Polycarbonat nach DIN EN ISO 1043-1?

① PS

② PB

③ PI

④ PC

⑤ PP

Aufgabe 3

Für welchen Verstärkungsstoff steht das Kurzzeichen WV nach DIN EN ISO 1043-2?

① Glasgewebe

② Glasmatte

③ Holzfurnier

④ Baumwollgewebe

⑤ Glasfaser

Aufgabe 4

Welcher Buchstabe kennzeichnet nach DIN EN ISO 1043-1 die Eigenschaft „schlagzäh"?

① I

② L

③ M

④ D

⑤ E

Aufgabe 5

Schraffieren Sie in dem dargestellten Diagramm den Gebrauchsbereich für Duroplaste.

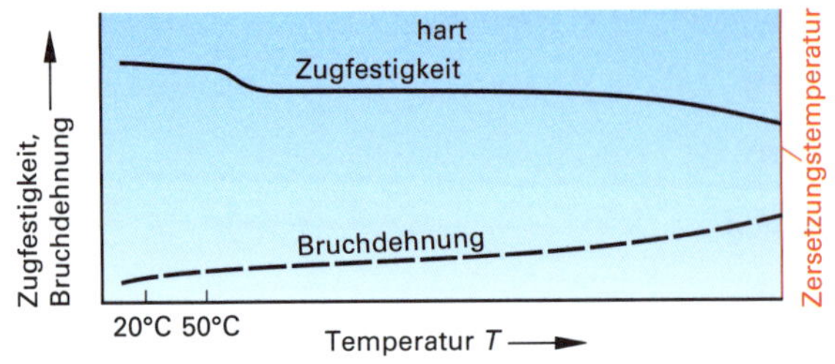

Aufgabe 6

Welche Dichte ϱ besitzt die Rohstoff-Basis des Schaumstoffes Polystyrol?

① ϱ = 5 … 15 kg/m³

② ϱ = 50 … 70 kg/m³

③ ϱ = 50 … 130 kg/m³

④ ϱ = 25 … 40 kg/m³

⑤ ϱ = 15 … 30 kg/m³

Kunststoffe

Aufgabe 1

Nennen Sie zwei allgemeine Eigenschaften und zwei Anwendungen des technischen Kunststoffs ABS.

Aufgabe 2

Welche Streckspannung besitzt der Kunststoff PET?

① 50 N/mm²

② 60 N/mm²

③ 90 N/mm²

④ 95 N/mm²

⑤ 100 N/mm²

Aufgabe 3

Welche Werkstoffe besitzen die dargestellte Struktur?

① fadenförmige Elastomere

② teilkristalline Thermoplaste

③ amorphe Thermoplaste

④ fadenförmige Duroplaste

⑤ Nichteisenmetalle

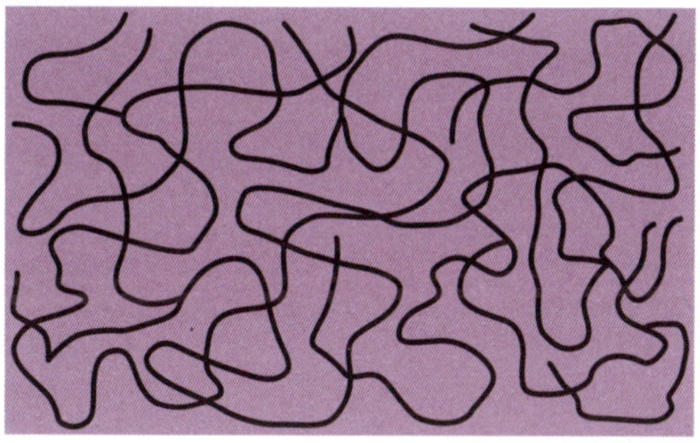

Aufgabe 4

Nennen Sie fünf Verfahren zur Erkennung von Kunststoffen.

Aufgabe 5

Welcher Kunststoff lässt sich sehr gut zerspanen?

① PF – Phenol-Formaldehyd

② EP – Epoxidharz

③ MF – Melamin-Formaldehydharz

④ UF – Urea-Formaldehydharz

⑤ UP – Ungesättigtes Polyesterharz

Kunststoffe

Aufgabe 1

Welches Kurzzeichen besitzt der Handelsname Teflon?

① ABS
② PTFE
③ POM
④ PSU
⑤ PEEK

Aufgabe 2

Nennen Sie drei Anwendungsbereiche des technischen Kunststoffs POM.

Aufgabe 3

Welche Werkstoffprüfung wird schematisch dargestellt?

① Kugeleindruckversuch
② Härteprüfung nach Shore
③ Zugversuch
④ Kerbschlagbiegeversuch
⑤ Tiefungsversuch nach Erichsen

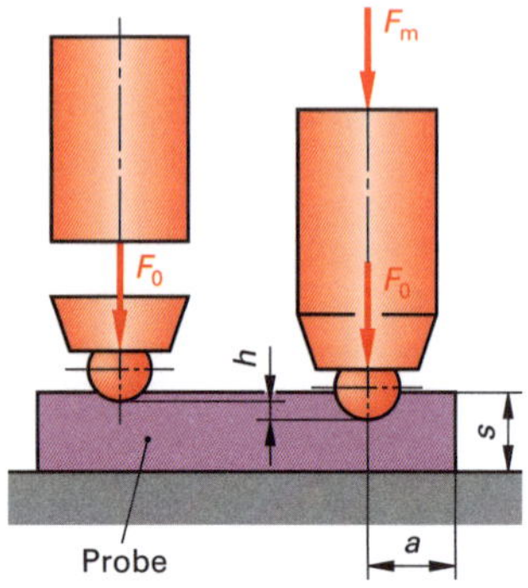

Aufgabe 4

Welches Brennverhalten hat der Kunststoff PP?

Aufgabe 5

Welche Spritzgießtemperatur T besitzt der Kunststoff PS?

① $T = 160 \ldots 300$ °C
② $T = 200 \ldots 250$ °C
③ $T = 170 \ldots 300$ °C
④ $T = 210 \ldots 290$ °C
⑤ $T = 180 \ldots 250$ °C

Kunststoffe

Aufgabe 1

Welches Kurzzeichen hat der Verstärkungsstoff Kohlenstofffaser?

① GF

② AF

③ EP

④ SAN

⑤ CF

Aufgabe 2

Welche Bezeichnung hat der dargestellte Flachstab aus PA12 ohne Einfärbung nach DIN EN 15860?

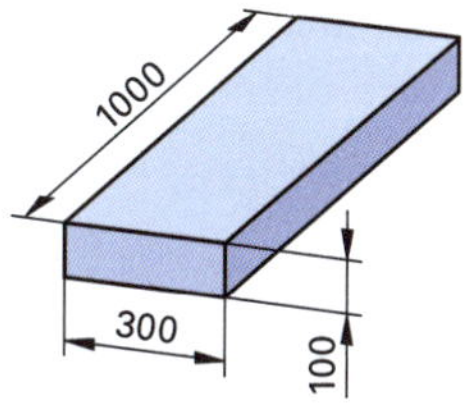

Aufgabe 3

Bestimmen Sie die Dichte ρ, die Zugfestigkeit R_m und die Bruchdehnung A von der Verstärkungsfaser „Glasfaser". Nennen Sie zwei Anwendungsbeispiele.

Aufgabe 4

Aus welchem Harztyp und Verstärkungsmaterial besteht der Schichtpressstoff EP GC 201?

① Epoxidharz und Glasmatte

② Silikonharz und Glasgewebe

③ Polimidharz und Holzfurnier

④ Epoxidharz und Glasgewebe

⑤ Silikonharz und Zellulosepapier

Aufgabe 5

Was versteht man unter Polyblends?

Werkstoffprüfverfahren

Aufgabe 1

Welches Werkstoffprüfverfahren zeigt das Bild?

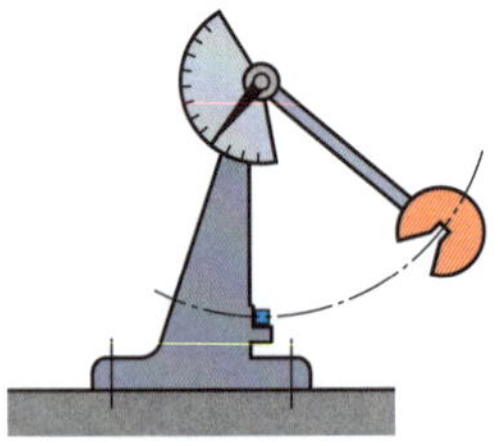

① Kerbschlagbiegeversuch
② Zugversuch
③ Dauerschwingversuch
④ Ultraschallprüfung
⑤ Tiefungsversuch nach Erichsen

Aufgabe 2

Wofür kann der Kerbschlagbiegeversuch angewendet werden?

① Eignung von Blechen zur Tiefziehfähigkeit
② Zeitfestigkeit eines Werkstoffes ermitteln
③ Kontrolle der Gefügeausbildung
④ Kontrolle von Vergütungen
⑤ Maximale Zugspannung ermitteln

Aufgabe 3

Ein Zugversuch wurde an einer Probe mit d_0 = 10 mm und einer Anfangsmesslänge von L_0 = 50 mm durchgeführt.
Der Versuch ergab folgende Messergebnisse:
Höchstkraft: F_m = 28369 N, Kraft an der Streckgrenze: F_e = 12980 N, Länge nach Bruch: L_u = 56,2 mm.

a) Bestimmen Sie die Zugfestigkeit R_m des Werkstoffes.

b) Bestimmen Sie die Streckgrenze R_e des Werkstoffes.

c) Bestimmen Sie die Bruchdehnung A in % des Werkstoffes.

Aufgabe 4

Welcher Werkstoffkennwert lässt sich aus dem Spannungs-Dehnungs-Schaubild nicht ermitteln?

① Zugfestigkeit
② Elastische Verlängerung
③ Streckgrenze
④ Scherfestigkeit
⑤ Bruchdehnung

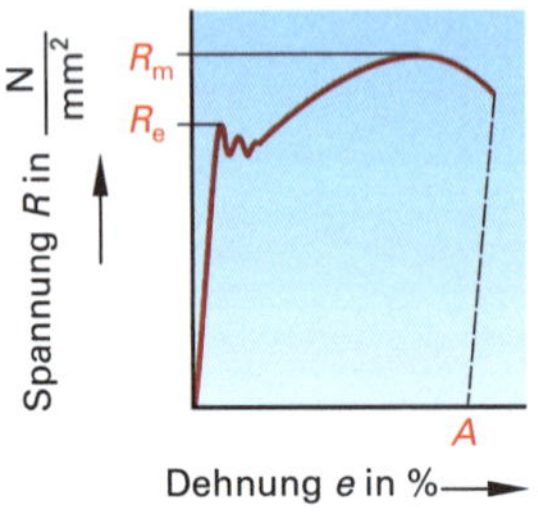

Aufgabe 5

Welches der genannten Verfahren zählt zu den zerstörungsfreien Werkstoffprüfverfahren?

① Zugversuch
② Ultraschallprüfung
③ Kerbschlagbiegeversuch
④ Scherversuch
⑤ Umlaufbiegeversuch

Härteprüfung

Aufgabe 1

Welches Prüfverfahren ist hier abgebildet?

① Härteprüfung nach Brinell
② Härteprüfung nach Rockwell
③ Härteprüfung nach Vickers
④ Härteprüfung nach Miller
⑤ Härteprüfung nach Martens

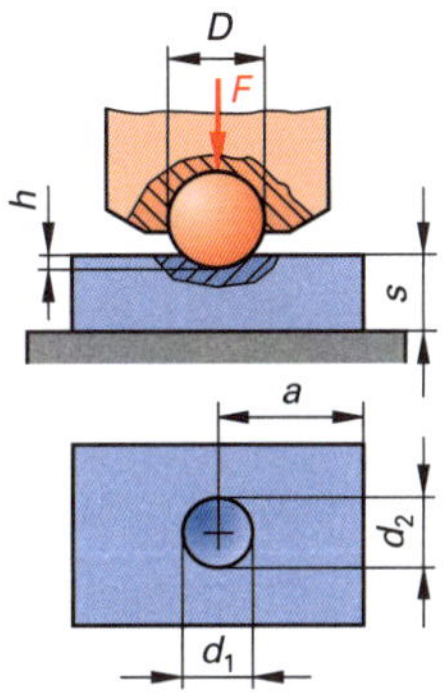

Aufgabe 2

Wie groß ist die Prüfkraft F_1 bei der Härteangabe 60 HRC?

① $F_1 = 60$ N
② $F_1 = 98$ N
③ $F_1 = 490{,}3$ N
④ $F_1 = 882{,}6$ N
⑤ $F_1 = 1373$ N

Aufgabe 3

An einem Werkstück aus vergütetem Stahl ergibt die Vickershärteprüfung HV30 die Eindruckdiagonalen $d_1 = 0{,}48$ mm und $d_2 = 0{,}49$ mm.

a) Bestimmen Sie den Mittelwert d der Eindringdiagonalen.

b) Wie groß ist die Vickershärte des Stahls?

c) Geben Sie die normgerechte Bezeichnung der Härte an.

Aufgabe 4

Wie groß ist die Martenshärte HM bei einer Prüfkraft $F = 0{,}4$ N und einer Eindringtiefe $h = 1{,}9$ µm?

Aufgabe 5

Welche Brinellhärte HBW kann der Umwertungstabelle für einen unlegierten Stahl mit einer Zugfestigkeit von $R_m = 510$ N/mm² entnommen werden?

① 50 HBW
② 76 HBW
③ 82 HBW
④ 85 HBW
⑤ 152 HBW

Schrauben und Gewinde

Aufgabe 1

In welcher Antwort ist das Kurzzeichen der Gewindebenennung richtig zugeordnet?

	Gewindebenennung	Kurzzeichen
①	Metr. Sägengewinde	DIN 103 – Tr 40 x 7
②	Zylindr. Rohrgewinde	ISO 1478 – ST 3,5
③	Zylindr. Rundgewinde	DIN 405 – Rd 40 x 1/6
④	Metr. ISO-Gewinde	DIN 2999 – R ½
⑤	Blechschraubengewinde	DIN 14 – M08

Aufgabe 2

Wie groß ist bei einem Metrischen ISO-Gewinde M30 der Kerndurchmesser d_3 für Außengewinde?

① $d_3 = 16{,}93$ mm

② $d_3 = 20{,}32$ mm

③ $d_3 = 25{,}71$ mm

④ $d_3 = 31{,}09$ mm

⑤ $d_3 = 36{,}48$ mm

Aufgabe 3

a) Welche Informationen sind der Gewindebezeichnung M20x1,5 – 6H zu entnehmen?

b) Ermitteln Sie die Grenzmaße für Flanken- und Kerndurchmesser.

Aufgabe 4

Welche Schraube ist hier dargestellt?

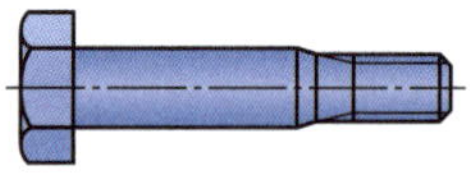

① Senkschraube mit Schlitz

② Sechskantschraube für den Metallbau, Passschraube mit großer Schlüsselweite

③ Sechskantschraube mit Schaft und Regelgewinde

④ Zylinderschraube mit Innensechskant, Regelgewinde

⑤ Blechschraubengewinde, Linsensenkschraube

Aufgabe 5

Berechnen Sie die Zugfestigkeit R_m und die Streckgrenze R_e für eine Schraube mit der Festigkeitsklasse 6.8.

Schrauben und Senkungen

Aufgabe 1

Welche Informationen sind in der Schraubenbezeichnung DIN EN ISO 4014 – M10 x 60 – 10.9 enthalten?

Aufgabe 2

Mit welcher Kraft F_v wird eine Schraube mit einem Gewinde M12 erfahrungsgemäß vorgespannt?

① $F_v = 7000$ N

② $F_v = 10000$ N

③ $F_v = 16000$ N

④ $F_v = 23000$ N

⑤ $F_v = 44000$ N

Aufgabe 3

In welcher Antwort ist die Verbindungsart dem Sicherungselement richtig zugeordnet?

	Sicherungselement	Verbindungsart
①	Federring	Stoffschluss
②	Sicherungsblech	Formschluss
③	Kontermutter	Formschluss
④	Sperrkantring	Stoffschluss
⑤	Flüssigklebstoff	Kraftschluss

Aufgabe 4

Die Darstellung zeigt eine Senkung für Senkschrauben mit Kopfform nach ISO 7721. Welche Senktiefe t ist vorgesehen, wenn eine Metrische Schraube M8 verwendet werden soll?

① $t \approx 2{,}6$ mm

② $t \approx 2{,}9$ mm

③ $t \approx 3{,}1$ mm

④ $t \approx 4{,}3$ mm

⑤ $t \approx 4{,}7$ mm

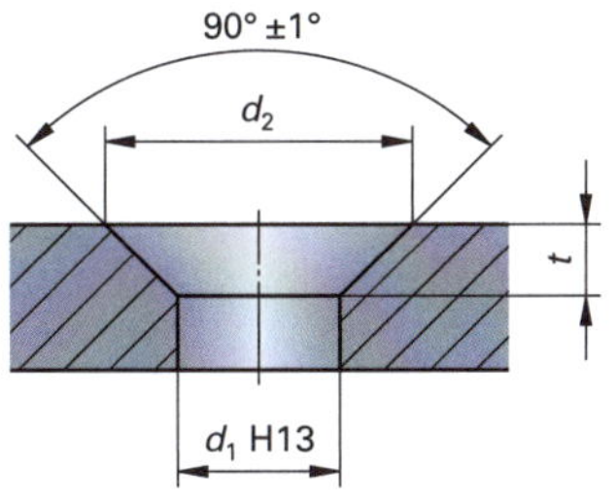

Aufgabe 5

Wie groß muss die Zugabe Z für die Tiefe t einer Flachsenkung bei einem Durchgangsloch $d = 27$ mm gewählt werden?

① $Z = 0{,}2$ mm

② $Z = 0{,}4$ mm

③ $Z = 0{,}6$ mm

④ $Z = 0{,}8$ mm

⑤ $Z = 1{,}0$ mm

Schraubenfestigkeit

Aufgabe 1

a) Aus welcher Stahlsorte besteht die skizzierte Schraube?

b) Wie groß ist die Zugfestigkeit R_m der Schraube in N/mm²?

Aufgabe 2

Gegeben ist eine Scheibenkupplung aus S235JR mit vier Zylinderschrauben ISO 4762 – 9.8; Kupplungsmoment M_k = 253 Nm, Reibzahl μ = 0,2, Rutschsicherheit φ = 2, wirksamer Scheibendurchmesser d = 55 mm. Wie groß ist der Gewindedurchmesser zu wählen?

Aufgabe 3

Wie groß ist die Zugfestigkeit R_m einer Schraube mit der Festigkeitsklasse 12.9?

① R_m = 1200 N/mm²

② R_m = 500 N/mm²

③ R_m = 1000 N/mm²

④ R_m = 600 N/mm²

⑤ R_m = 800 N/mm²

Aufgabe 4

Wie groß ist der Durchmesser d_h eines Durchgangsloches für eine Schraube M42 und der Toleranzklasse Reihe fein (H12)?

① d_h = 37 mm

② d_h = 39 mm

③ d_h = 42 mm

④ d_h = 43 mm

⑤ d_h = 45 mm

Aufgabe 5

Wie groß ist die Mindesteinschraubtiefe l_e für Regelgewinde einer Schraube aus Baustahl mit R_m = 600 N/mm² und der Festigkeitsklasse 8.8?

① $l_e = 0{,}8 \cdot d$

② $l_e = 1{,}0 \cdot d$

③ $l_e = 1{,}2 \cdot d$

④ $l_e = 1{,}3 \cdot d$

⑤ $l_e = 1{,}5 \cdot d$

Aufgabe 6

In welcher Antwort ist die richtige Zuordnung einer Schraube mit der Festigkeitsklasse A2-70 gegeben?

① rostbeständige Schrauben

② rost- und säurebeständige Schrauben

③ säurebeständige Schrauben

④ martensitischer Stahl

⑤ zementitischer Stahl

Muttern

Aufgabe 1

In welcher Antwort ist die Kombination Mutter und Schraube, bezogen auf die Festigkeit, zulässig?

	Festigkeitsklasse	
	Schraube	Mutter
①	6.8	5
②	6.8	6
③	9.8	6
④	9.8	8
⑤	10.9	8

Aufgabe 2

In welchem Bereich sind Sechskantmuttern nach DIN EN 1661 genormt?

① M1,6 … M64

② M5 … M36

③ M8 x 1 … M36 x 3

④ M4 … M100

⑤ M5 … M20

Aufgabe 3

Welche Schlüsselweite *SW* hat die Hutmutter DIN 1587 – M20 – 6?

① *SW* = 30 mm

② *SW* = 24 mm

③ *SW* = 36 mm

④ *SW* = 18 mm

⑤ *SW* = 41 mm

Aufgabe 4

Ein Splint DIN EN ISO 1234 – 2 x 25 – St wird in Kombination mit einer Kronenmutter zur axialen Fixierung eines Wälzlagers verwendet. Für welchen der genannten Schraubendurchmesser *d* ist der Splint geeignet?

① *d* = 5 mm

② *d* = 7 mm

③ *d* = 9 mm

④ *d* = 10 mm

⑤ *d* = 12 mm

Aufgabe 5

Unter Verwendung einer Ringmutter DIN 582 – M12 – C15E wird eine Last m = 450 kg angeschlagen und senkrecht nach oben gezogen.

a) Welche Informationen können Sie der Ringmutterbezeichnung entnehmen?

b) Ist die Ringmutter für diese Belastung ausgelegt? Begründen Sie Ihre Antwort.

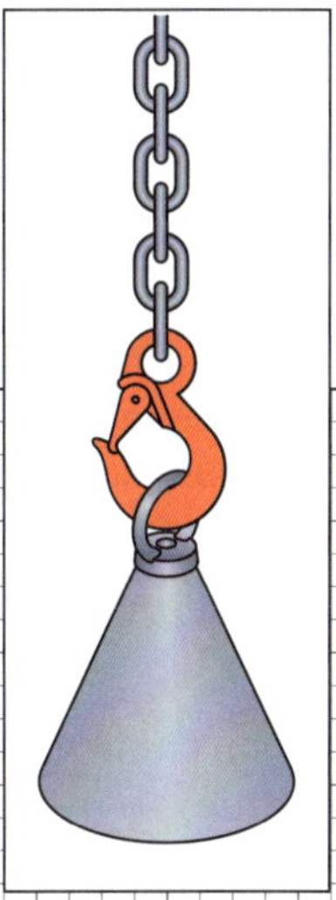

Scheiben

Aufgabe 1

Um welches Bauteil handelt es sich bei folgender Bezeichnung: Scheibe ISO 7091-12-100HV?

① Flache Scheibe mit Fase, normale Reihe

② Scheiben für Stahlkonstruktionen

③ Flache Scheibe, normale Reihe, Produktklasse C

④ Scheiben für Bolzen, Produktklasse A

⑤ Spannscheiben für Schraubenverbindungen

Aufgabe 2

Wie groß ist die Materialstärke s für eine Spannscheibe DIN 6796-24-FSt?

① $s = 6$ mm

② $s = 5{,}5$ mm

③ $s = 6{,}5$ mm

④ $s = 5$ mm

⑤ $s = 7$ mm

Aufgabe 3

In einer Schraubenverbindung wird die Scheibe ISO 7092-12-200 HV-A4 verwendet.

a) Welche Informationen sind in der Bezeichnung enthalten?

b) Wie groß ist die maximale Höhe h_{max} der Scheibe?

Aufgabe 4

Welche Scheibe wird im Bild dargestellt?

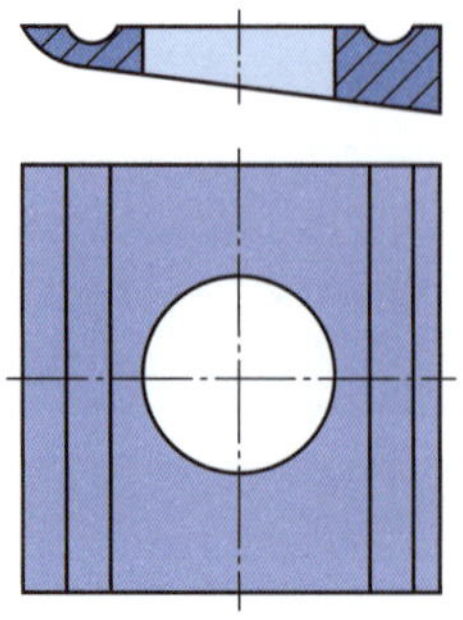

① Spannscheibe für Schraubenverbindungen

② Scheibe, vierkant, keilförmig, für U- und I-Träger

③ Scheibe für Stahlkonstruktionen

④ Flache Scheibe mit Fase

⑤ Scheibe für Bolzen

Aufgabe 5

Wie groß ist der Außendurchmesser d_2 der in Aufgabe 2 bezeichneten Scheibe?

① $d_2 = 60$ mm

② $d_2 = 49$ mm

③ $d_2 = 70$ mm

④ $d_2 = 56$ mm

⑤ $d_2 = 45$ mm

Stifte und Bolzen

Aufgabe 1

Welche Bauteile werden durch die DIN EN ISO 8743 beschrieben?

① Zylinderstift ungehärtet

② Kegelstift

③ Knebelkerbstift mit langen Kerben

④ Bolzen mit Kopf

⑤ Halbrundkerbnagel

Aufgabe 2

Wie groß ist nach DIN EN ISO 8740 der Längenbereich l eines Zylinderkerbstiftes mit Fase bei einem Durchmesser d_1 = 2,5 mm?

① l = 10 ... 30 mm

② l = 10 ... 40 mm

③ l = 10 ... 60 mm

④ l = 14 ... 60 mm

⑤ l = 14 ... 80 mm

Aufgabe 3

Welche Informationen sind der Bezeichnung Spannstift ISO 8752 – 8 x 35 – St zu entnehmen?

Aufgabe 4

Wie groß ist der Kopfdurchmesser d_k des Bolzens ISO 2341 – B – 20 x 100 – St?

① d_k = 22 mm

② d_k = 25 mm

③ d_k = 28 mm

④ d_k = 30 mm

⑤ d_k = 33 mm

Aufgabe 5

Welches Maschinenelement ist dargestellt?

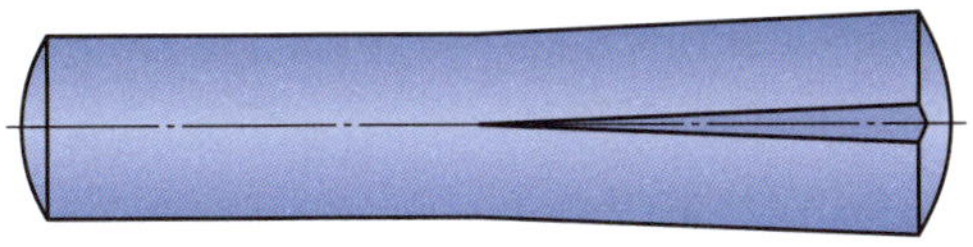

① Bolzen ohne Kopf

② Spannstift geschlitzt

③ Steckkerbstift

④ Passkerbstift

⑤ Senkkerbnagel

Aufgabe 6

Welches Gewinde d_2 besitzt der Bolzen DIN 1445 – 12h11 x 30 x 50 – St?

① d_2 = M6

② d_2 = M8

③ d_2 = M10

④ d_2 = M12

⑤ d_2 = M16

Welle-Nabe-Verbindung

Aufgabe 1

Welche Passfederform ist in der Skizze dargestellt?

① Form A

② Form C

③ Form D

④ Form E

⑤ Form F

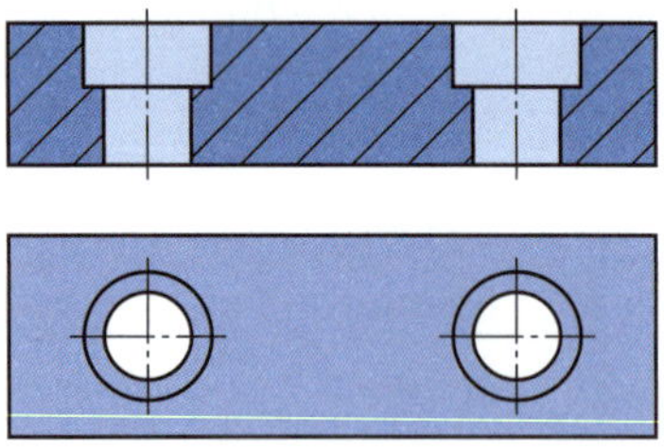

Aufgabe 2

Wie groß ist die Wellennuttiefe t_1 einer Welle $d = 58$ mm für einen Keil DIN 6886 – A – 16 x 10 x 45?

① $t_1 = 6$ mm

② $t_1 = 7$ mm

③ $t_1 = 7{,}5$ mm

④ $t_1 = 9$ mm

⑤ $t_1 = 10$ mm

Aufgabe 3

Gegeben ist die Passfeder DIN 6885 – B – 10 x 8 x 50.

a) Welche Informationen sind der Bezeichnung zu entnehmen?

b) Für welchen Durchmesserbereich d_1 in mm ist die Passfeder geeignet?

Aufgabe 4

Wie lautet die Toleranzklasse für den Außendurchmesser D einer wärmebehandelten Nabe bei Keilwellenverbindungen nach DIN ISO 14?

① H7

② H10

③ H11

④ H6

⑤ H9

Aufgabe 5

Wie groß ist nach DIN 6885 die zulässige Längenabweichung einer Passfeder $l = 110$ mm?

① + 0,2 mm

② + 0,3 mm

③ + 0,5 mm

④ – 0,5 mm

⑤ – 0,3 mm

Kegelschaft

Aufgabe 1

Wie unterscheiden sich bei einem Kegel-Hohlschaft nach DIN 69893 Form A und C?

Aufgabe 2

Welcher Kegelschaft nach DIN 228 ist in der Skizze dargestellt?

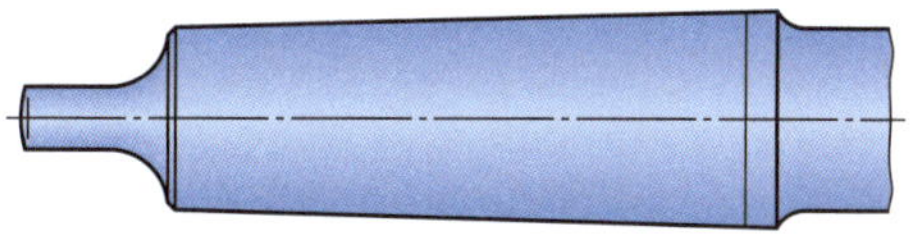

① Kegelschaft mit Anzuggewinde
② Kegelschaft mit Austreiblappen
③ Kegelschaft mit Aufnahmehülse
④ Kegelschaft mit Abdrückgewinde
⑤ Kegelschaft mit Eintreiblappen

Aufgabe 3

Welche Informationen sind der Bezeichnung Kegelschaft DIN 228 – MK – A 6 AT6 zu entnehmen?

Aufgabe 4

Wie groß ist die Nutbreite *b* für den Steilkegelschaft DIN 2080 – A 30 AT4?

① $b = 47{,}4$ H12
② $b = 40{,}5$ H12
③ $b = 32{,}4$ H12
④ $b = 25{,}7$ H12
⑤ $b = 16{,}1$ H12

Aufgabe 5

Welche Aussage trifft zu?

① Metrische Kegel übertragen das Drehmoment formschlüssig.
② Das Spannen des Werkzeugs mithilfe von Schrumpffuttern erfolgt durch Stoffschluss.
③ Der Kegel-Hohlschaft besitzt eine hohe Wiederhol-Spanngenauigkeit (3 µm).
④ Steilkegelschäfte eignen sich besonders gut für Hochgeschwindigkeits-Zerspanung (HSC).
⑤ Mithilfe von Reduzierhülsen werden unterschiedliche Kegeldurchmesser beim Steilkegelschaft angepasst.

Federn

Aufgabe 1

Eine Zugfeder nach DIN EN10270 aus nichtrostendem Federstahldraht besitzt den Drahtdurchmesser $d = 1,25$ mm. Wie groß ist die Federrate R?

① $R = 0,934$ N/mm

② $R = 0,424$ N/mm

③ $R = 0,458$ N/mm

④ $R = 0,533$ N/mm

⑤ $R = 0,322$ N/mm

Aufgabe 2

Mit welcher Formel wird die Gesamtwindungszahl einer zylindrischen Schrauben-Druckfeder berechnet?

Aufgabe 3

Wie groß ist die Länge L_0 einer unbelasteten zylindrischen Schrauben-Druckfeder mit einem Außendurchmesser D_e = 25 mm und einer Anzahl von federnden Windungen $i_f = 5,5$ nach DIN EN 10270-1?

Der Drahtdurchmesser d beträgt 2,0 mm.

① $L_0 = 73,5$ mm

② $L_0 = 62,5$ mm

③ $L_0 = 44,2$ mm

④ $L_0 = 46,2$ mm

⑤ $L_0 = 1,89$ mm

Aufgabe 4

Wie groß ist die innere Vorspannkraft F_0 einer zylindrischen Schrauben-Zugfeder mit einem Drahtdurchmesser $d = 0,7$ mm nach DIN EN 10270-1?

① $F_0 = 3,03$ N

② $F_0 = 2,50$ N

③ $F_0 = 0,09$ N

④ $F_0 = 0,83$ N

⑤ $F_0 = 1,89$ N

Aufgabe 5

Wie groß ist die Federkraft F_s eines Tellerfederpaketes aus drei Tellerfedern DIN EN 16983, welches aus drei Tellerfedern mit jeweils einer Federkraft $F = 0,81$ kN besteht?

① $F_s = 3,03$ kN

② $F_s = 2,50$ kN

③ $F_s = 2,09$ kN

④ $F_s = 2,43$ kN

⑤ $F_s = 1,89$ kN

Aufgabe 6

Wie groß ist die Länge L_0 in mm von unbelasteten geschichteten Tellerfedern eines Tellerfederpaketes aus drei Tellerfedern DIN EN 16983 – B 20?

Sonstige Maschinenelemente

Aufgabe 1

Welche Informationen können Sie der Bezeichnung Gewindestift DIN 6332 – S M16 x 100 entnehmen?

Aufgabe 2

Wie groß ist die Höhe h_1 der Mutter DIN 508 – M12 x 18?

① $h_1 = 12$ mm

② $h_1 = 18$ mm

③ $h_1 = 16$ mm

④ $h_1 = 8$ mm

⑤ $h_1 = 22$ mm

Aufgabe 3

Welche Form besitzt der skizzierte Aufnahmebolzen nach DIN 6321?

① Form A

② Form B

③ Form C

④ Form D

⑤ Form E

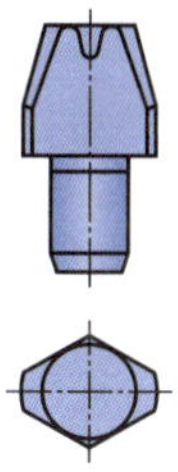

Aufgabe 4

Nennen Sie drei Funktionen von federnden Druckstücken in Vorrichtungen.

Aufgabe 5

Aus welchem Werkstoff besteht der skizzierte Kugelknopf DIN 319 – E 25 PF?

① PF

② PET

③ PA

④ PI

⑤ MF

Aufgabe 6

Welche Informationen können Sie der Bezeichnung Kreuzgriff DIN 6335 – A 40 AL entnehmen?

Antriebselemente

Aufgabe 1

Mit welcher maximalen Geschwindigkeit v_{max} darf ein Normalkeilriemen nach DIN 2215 betrieben werden?

① $v_{max} = 30$ m/s

② $v_{max} = 60$ m/s

③ $v_{max} = 40$ m/s

④ $v_{max} = 20$ m/s

⑤ $v_{max} = 10$ m/s

Aufgabe 2

Wie groß sind die obere Riemenbreite b_o und die Riemenhöhe h des Schmalkeilriemens DIN 7753 – SPZ 723?

Aufgabe 3

Wie groß ist die Nennleistung P_N für den Schmalkeilriemen DIN 7753 – SPB 723? Der Durchmesser der kleinen Riemenscheine beträgt $d_{wk} = 250$ mm, die Drehzahl $n_k = 700$ 1/min.

① $P_N = 7{,}84$ kW

② $P_N = 4{,}86$ kW

③ $P_N = 8{,}64$ kW

④ $P_N = 5{,}19$ kW

⑤ $P_N = 3{,}83$ kW

Aufgabe 4

Welche Bezeichnung für das dargestellte Synchronriemenprofil ist richtig?

① Einfachverzahnung D_E

② Zeifachverzahnung D_Z

③ Einfachverzahnung D_D

④ Doppelverzahnung D_G

⑤ Doppelverzahnung D_T

Aufgabe 5

Ein geradverzahntes Stirnrad hat den Teilkreisdurchmesser $d = 64$ mm und die Zähnezahl $z = 32$. Wie groß ist der Modul m?

① $m = 4$ mm

② $m = 2$ mm

③ $m = 1$ mm

④ $m = 5$ mm

⑤ $m = 7$ mm

Aufgabe 6

Wie groß ist die Teilung p bei einem Schneckenrad mit dem Modul $m = 2{,}5$ mm?

Übersetzungen

Aufgabe 1

Wie groß ist das Übersetzungsverhältnis i des skizzierten Zahnradtriebes?

① $i = 1,0$
② $i = 2,0$
③ $i = 3,0$
④ $i = 0,2$
⑤ $i = 0,3$

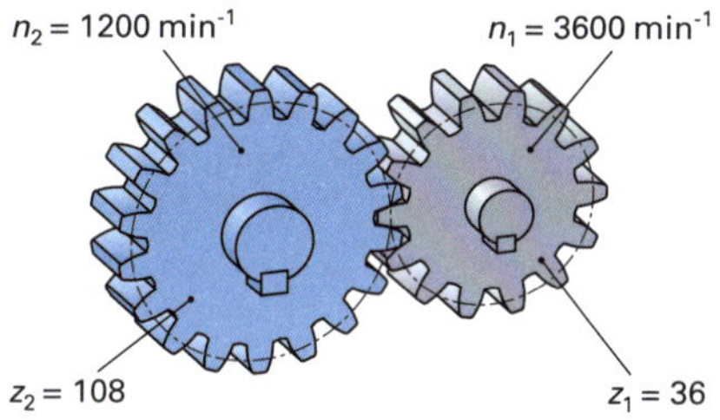

Aufgabe 2

Wie groß ist die Drehzahl n_2 des skizzierten Riementriebes?

① $n_2 = 120\ \text{min}^{-1}$
② $n_2 = 400\ \text{min}^{-1}$
③ $n_2 = 480\ \text{min}^{-1}$
④ $n_2 = 260\ \text{min}^{-1}$
⑤ $n_2 = 4000\ \text{min}^{-1}$

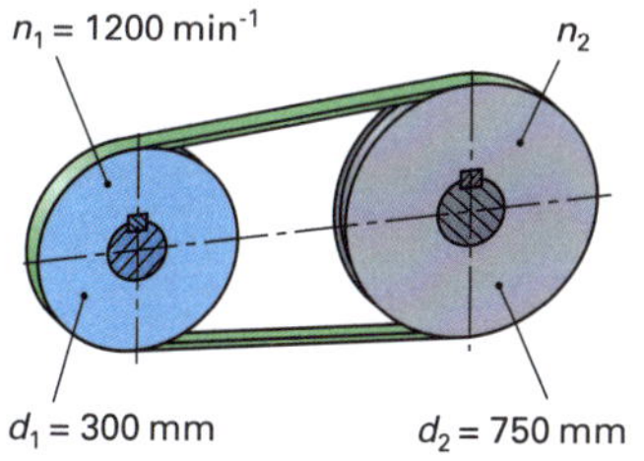

Aufgabe 3

Berechnen Sie die Drehzahl n_2 und das Übersetzungsverhältnis i des dargestellten Schneckentriebes.

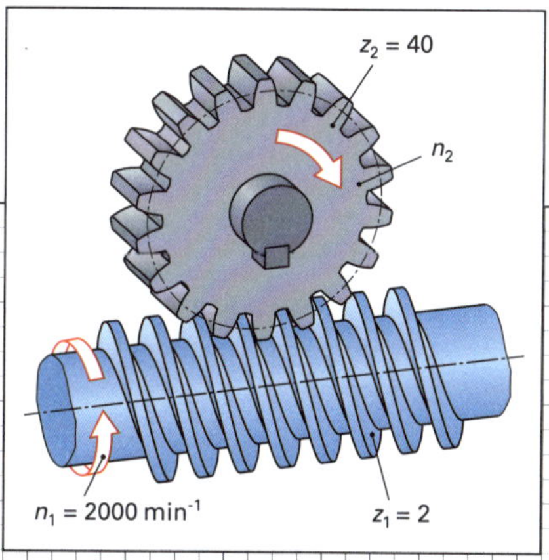

Aufgabe 4

Berechnen Sie die Drehzahl n_4 des dargestellten Getriebes.

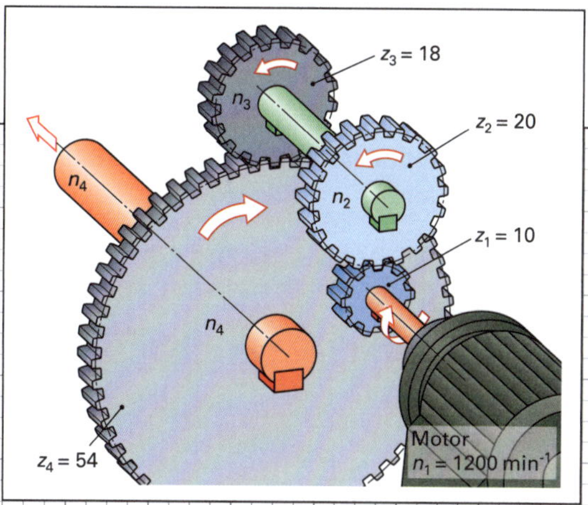

Gleitlager

Aufgabe 1

Gleitlager werden nach der Art ihrer Schmierung unterschieden.

a) Um welche Art handelt es sich bei der dargestellten Skizze?

b) Wofür eignet es sich?

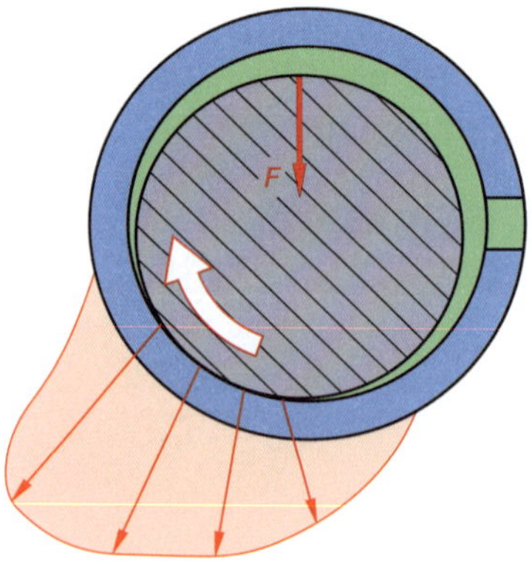

Aufgabe 2

Welcher der genannten Gleitlagerwerkstoffe hat eine sehr gute Notlaufeigenschaft?

① G-PbSb15Sn10

② CuSn8Pb2-C

③ CuPb20Sn5-C

④ G-SnSb12Cu6Pb

⑤ CuZn31Si1

Aufgabe 3

Welche Gleitlagerbuchsenform ist nach DIN ISO 4379 dargestellt?

① Form F

② Form C

③ Form H

④ Form P

⑤ Form S

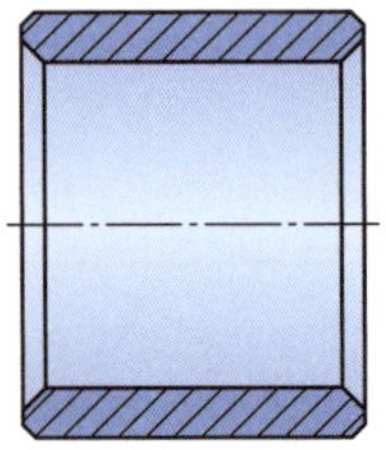

Aufgabe 4

Welche Toleranzklasse wird für die Aufnahmebohrung der Gleitlagerbuchse DIN 1850 – J22x28x25 – Sint-B50 empfohlen?

① H4

② H5

③ H6

④ H7

⑤ H8

Aufgabe 5

Welche Bedeutung hat die Angabe PA6 bei der Gleitlagerbuchse DIN 1850 – T20 A20 – PA6?

Wälzlager

Aufgabe 1

Welche der genannten Kugellager ist für eine radiale Belastung nicht geeignet?

① einreihiges Schrägkugellager
② Rillenkugellager
③ Pendelkugellager
④ Vierpunktlager
⑤ Axial-Rillenkugellager

Aufgabe 2

Welche Wälzlagerart ist abgebildet?

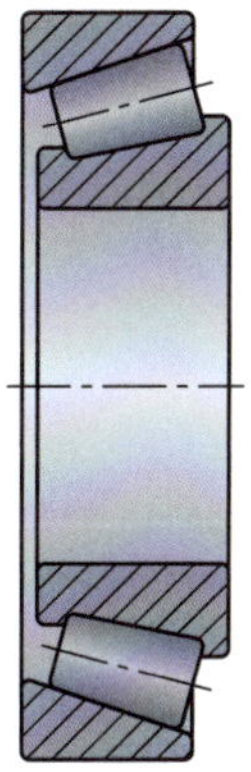

① Schrägkugellager
② Rillenkugellager
③ Zylinderrollenlager
④ Kegelrollenlager
⑤ Nadellager

Aufgabe 3

Welche Informationen können Sie der Bezeichnung Rillenkugellager DIN 625 – 6216 – 2Z – P2 entnehmen?

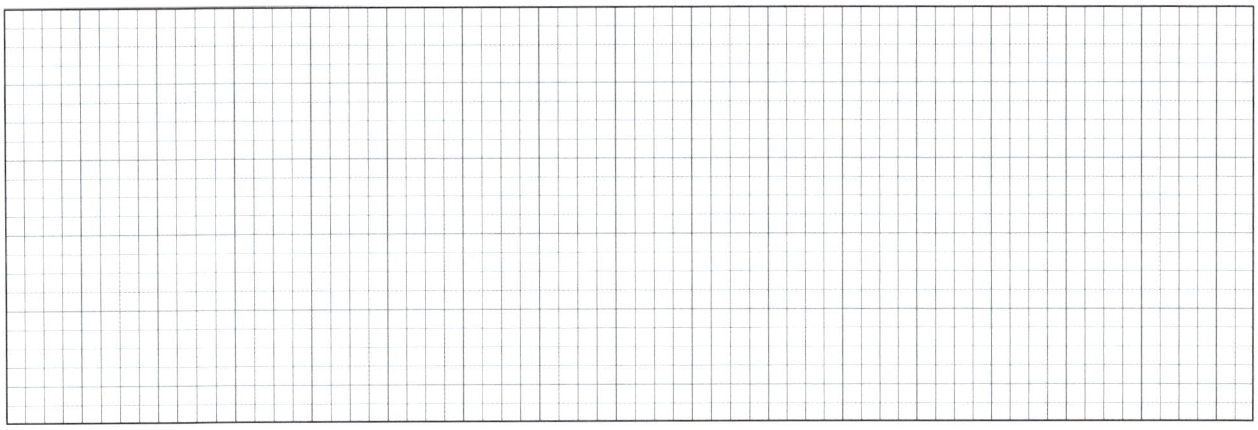

Aufgabe 4

Welche Zylinderrollenlagerform nach DIN 5412 ist dargestellt?

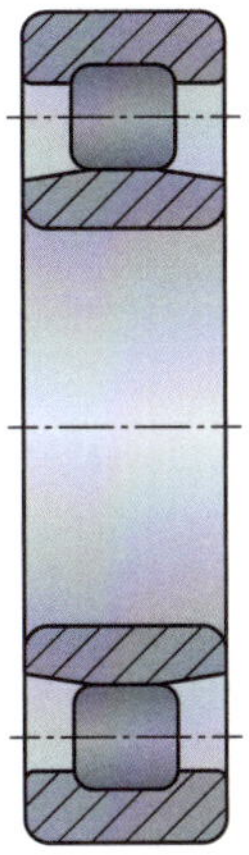

① Form N
② Form NU
③ Form NJ
④ Form NUB
⑤ Form NN

Aufgabe 5

Welche Breite B besitzt das Nadellager DIN 617 – NA4913?

① $B = 17$ mm
② $B = 30$ mm
③ $B = 25$ mm
④ $B = 45$ mm
⑤ $B = 13$ mm

Sicherungs- und Dichtelemente

Aufgabe 1

Welches Gewinde besitzt die Nutmutter DIN 981 – KM12?

① M12 x 1

② M17 x 1

③ M60 x 2

④ M70 x 2

⑤ M75 x 2

Aufgabe 2

Welche Radial-Wellendichtringform nach DIN 3760 ist dargestellt?

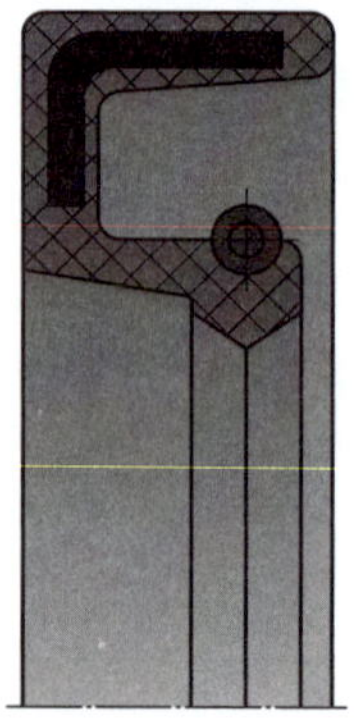

① Form A

② Form AS

③ Form AD

④ Form APT1

⑤ Form ASW

Aufgabe 3

Ein Sicherungsring DIN 471 – 45x1,75 soll auf eine Welle montiert werden. Wie groß muss der Durchmesser d_2 der Wellennut gefertigt werden?

① $d_2 = 41{,}5$ h12 mm

② $d_2 = 42{,}5$ h10 mm

③ $d_2 = 41{,}5$ h10 mm

④ $d_2 = 41{,}5$ h11 mm

⑤ $d_2 = 42{,}5$ h12 mm

Aufgabe 4

Welche Einbaumaße müssen für das „Sicherungsblech DIN 5406 – MB18" beachtet werden?

Aufgabe 5

Bestimmen Sie die Einbaumaße *h* und *b* für den abgebildeten radial innendichtenden O-Ring nach DIN ISO 3601.

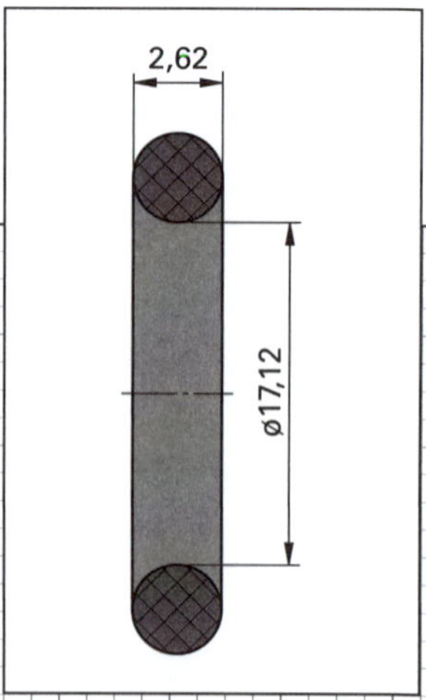

Schmierstoffe

Aufgabe 1

Welche Informationen können Sie dem Sinnbild nach DIN 51502 entnehmen?

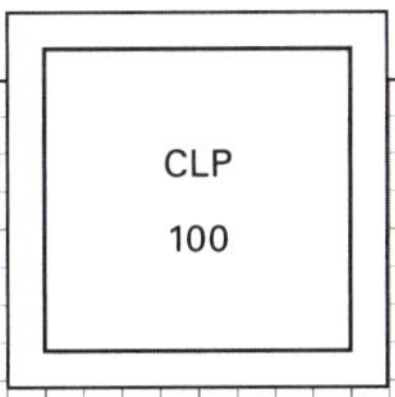

Aufgabe 2

Welche Informationen können Sie dem Sinnbild nach DIN 51502 entnehmen?

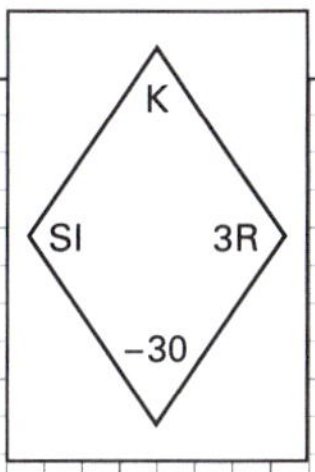

Aufgabe 3

Welchen Bereich für die kinematische Viskosität gibt die Viskositätsklasse ISO VG 7 nach DIN ISO 3448 an?

① 1,98 bis 2,42 mm²/s bei 40 °C

② 4,14 bis 5,06 mm²/s bei 40 °C

③ 6,12 bis 7,48 mm²/s bei 40 °C

④ 9,0 bis 11,0 mm²/s bei 40 °C

⑤ 19,8 bis 24,2 mm²/s bei 40 °C

Aufgabe 4

Welche Bedeutung hat der Zusatzbuchstabe F bei der Bezeichnung der Schmierfette laut DIN 51502?

Aufgabe 5

Nennen Sie zwei Festschmierstoffe und jeweils eine Anwendung.

Industrie 4.0

Aufgabe 1

Erläutern Sie den Begriff „Additive Manufacturing".

Aufgabe 2

Wofür steht die Abkürzung GTIN?

① Grey Trade Item Number

② Grey Tool Item Number

③ Global Trade Item Number

④ GlobaleTrad IT Number

⑤ Gusswerkstoff Titan/Nickel

Aufgabe 3

Was bedeutet „Cloud-Computing"?

Aufgabe 4

Welcher Begriff wird nicht im direkten Zusammenhang mit Industrie 4.0 verwendet?

① Human Machine Interface

② Augmented Reality

③ Industrial Ethernet

④ High Speed Cutting

⑤ Radio Frequency Identification

Aufgabe 5

Vervollständigen Sie das Y-Modell Industrie 4.0.

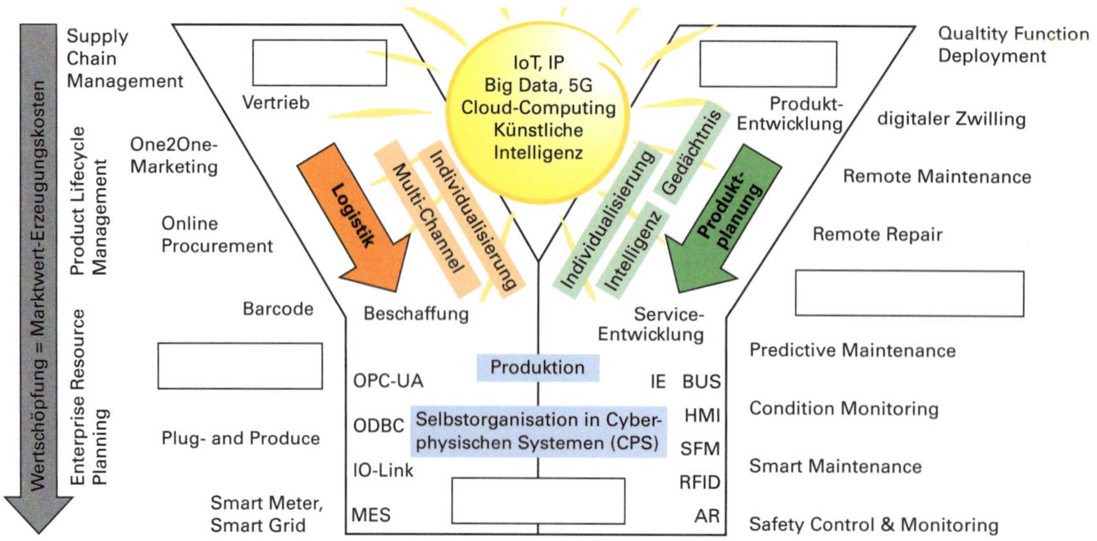

Qualitätsmanagement

Aufgabe 1

Wobei handelt es sich um keinen Grundsatz des Qualitätsmanagements nach DIN EN ISO 9000?

① Geschäftsleitung (Führung)

② Prozessorientierter Ansatz

③ Beziehungsmanagement

④ Kundenorientierung

⑤ Kaltakquise

Aufgabe 2

Welche Maßnahmen im Unternehmen sind dem Bereich „Bewertung" im Qualitätsmanagementsystem nach DIN EN ISO 9001 zuzuordnen?

Aufgabe 3

Wie lauten die vier Ablaufschritte des Energiemanagements als Teil des Umweltmanagements nach DIN EN ISO 50001?

Aufgabe 4

Stellen Sie die Verzehnfachungsregel im gegebenen Diagramm dar, indem Sie den fehlenden Graph und die Beschriftung der vertikalen Achse ergänzen.

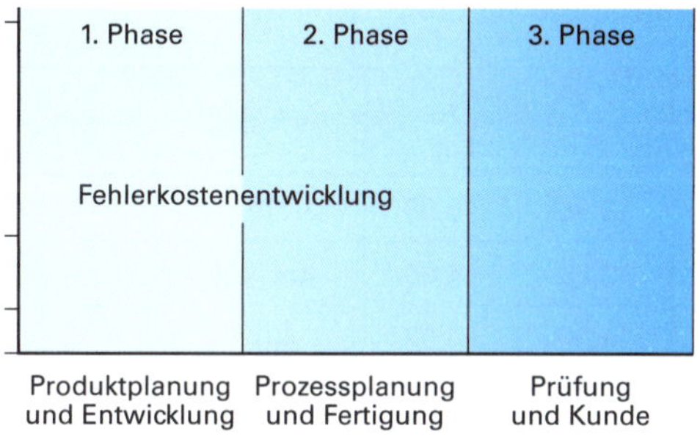

Aufgabe 5

Nach der Produktion von 300 Wellen weisen neun von ihnen einen Maßfehler auf. Wie groß ist die Wahrscheinlichkeit P, eine fehlerhafte Welle auszuwählen?

① $P = 1{,}6\ \%$

② $P = 2{,}3\ \%$

③ $P = 2{,}7\ \%$

④ $P = 3{,}0\ \%$

⑤ $P = 3{,}5\ \%$

Aufgabe 6

Vervollständigen Sie das Diagramm, indem Sie die sieben Einflüsse auf die Streuung der Qualität ergänzen.

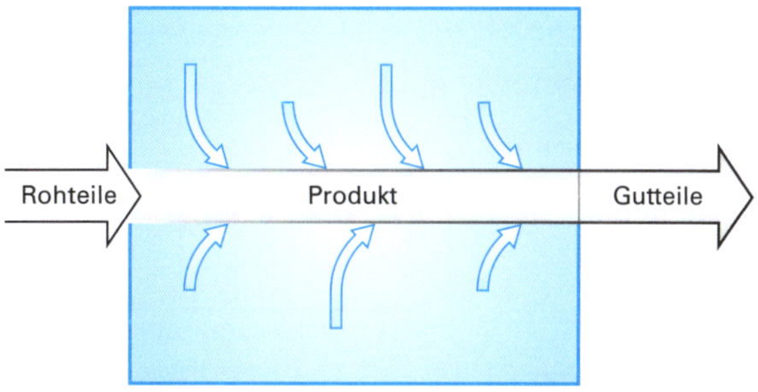

Qualitätsmanagement

Aufgabe 1

Flachstähle wurden stichprobenartig überprüft (Prüfmerkmal: Bauteillänge l = 12 ± 0,05 mm, Stichprobenumfang: 27 Teile). Die Ergebnisse sind in der dargestellten Urliste dokumentiert.

Gemessene Bauteillänge l in mm									
Teile 1...9	11,98	11,96	11,99	12,01	12,02	11,96	12,03	11,99	11,99
Teile 10...18	11,96	11,99	12,00	12,02	12,02	11,99	12,02	12,00	12,01
Teile 19...27	11,99	12,05	12,03	12,00	12,04	11,99	11,98	11,99	12,01

a) Wie groß ist die Anzahl der Klassen k?

b) Wie groß ist die Klassenweite w?

Aufgabe 2

Vervollständigen Sie die Strichliste.

Klasse Nr.	Messwert		Strichliste	n_j	h_j in %
	≥	<			
1	13,96	13,98	III		
2	13,98	14,00	卌 卌		
3	14,00	14,02	卌 II		
4	14,02	14,04	卌		
5	14,04	14,06	II		
			Σ =		

Aufgabe 3

Wie bezeichnet man das abgebildete Diagramm zur Erkennung und Darstellung der Verteilung von erfassten Einzelwerten?

① Kreisdiagramm

② Liniendiagramm

③ Histogramm

④ Sankey-Diagramm

⑤ Punktdiagramm

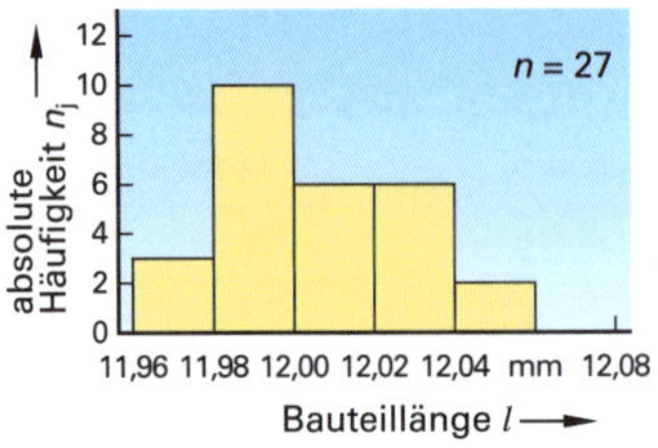

Aufgabe 4

Welcher Antwort ist die typische Glockenkurve zuzuordnen?

① Prüfplan

② Qualitätsregelkreis

③ Prozessregelkarte

④ Qualitätsregelkarte

⑤ Gauß'sche Normalverteilung

Qualitätsmanagement

Aufgabe 1

Eine Charge Gewichtsstücke wird stichprobenartig überprüft (Prüfmerkmal: Masse $m = 50 \pm 0{,}3$ g, Stichprobenumfang: 15 Teile). Die Ergebnisse sind der Urliste zu entnehmen.

Gemessene Masse *m* in g					
Teile 1…5	50,01	49,76	50,23	49,81	50,39
Teile 6…10	49,71	49,99	50,28	49,90	50,11
Teile 11…15	50,17	49,77	50,09	49,96	50,14

Wie groß ist der arithmetische Mittelwert $\bar{x}$?

Aufgabe 2

Wie lautet die Formel für die Standardabweichung *s*?

Aufgabe 3

Was bedeutet die Abkürzung OGW auf einer Prozessregelkarte?

① oberer Grenzwert

② obere Warngrenze

③ obere Eingriffsgrenze

④ unterer Grenzwert

⑤ untere Eingriffsgrenze

Aufgabe 4

Welcher Prozessverlauf ist im Bild dargestellt?

① RUN

② Natürlicher Verlauf

③ Perioden

④ Middle Third

⑤ Trend

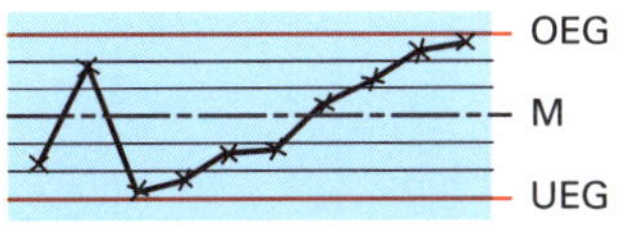

Aufgabe 5

Welche Maßnahme ist im Falle eines Middle Thirds während eines Prozessverlaufs zu ergreifen?

① verschärftes Beobachten des Prozesses

② Prozess unterbrechen, um Verschiebung zu ergründen

③ feststellen, wodurch Prozess verbessert wurde bzw. Prüfergebnisse überprüfen

④ kein Eingriff nötig, Prozess wird weitergeführt

⑤ in Prozess eingreifen und Teile seit letzter Stichprobe 100%-prüfen

Qualitätsmanagement

Aufgabe 1

Welche Werte können der Mittelwert-Standardabweichungskarte nicht entnommen werden?

① Standardabweichung s

② Spannweite R

③ Mittelwerte $\bar{x}$

④ Prüfmerkmal

⑤ Messwerte x_n

Aufgabe 2

Was bedeutet bei einer Annahmestichprobenprüfung nach DIN ISO 2859-1 die Stichprobenanweisung „80 3"?

Aufgabe 3

Das Fertigungsmaß eines Bolzens beträgt $d = 20 \pm 0{,}01$ mm. Im Vorlauf wurden folgende Werte ermittelt: $s = 0{,}0011$ mm, $\bar{x} = 19{,}997$ mm.

a) Wie groß ist der Maschinenfähigkeitsindex C_m?

b) Wie groß ist der kritische Maschinenfähigkeitsindex C_{mk}?

Aufgabe 4

Vervollständigen Sie die abgebildete Fehlersammelkarte nach DGQ 16-33.

Teil: **Gehäuse**		Stichprobenumfang $n = 60$									Prüfintervall: 50 min		
Fehlerart		Fehlerhäufigkeit i_j									Σi_j	%	Fehleranteil
Lackschaden	F1		1		1			1					
Druckstellen	F2	1	2		2	3	2		1	2			
Korrosion	F3	2	1			1			1				
Grat	F4							1					
Rissbildungen	F5		2										
Verbogen	F7					1							
Fehler je Probe													
Stichproben-Nr.		1	2	3	4	5	6	7	8	9			

Produktionsorganisation

Aufgabe 1

Welche Erzeugnisgliederung gibt es in der Produktionsorganisation?

① nach Produkten

② nach Funktionsebenen

③ nach Fertigungsarten

④ nach Fertigungstreppen

⑤ nach Fertigungsbereichen

Aufgabe 2

Erläutern Sie die Abkürzung SCM aus dem Bereich Industrie 4.0.

Aufgabe 3

Nach welcher Formel wird die Durchlaufzeit T_D berechnet?

① $T_D = Z_{zuS} - t_{zuS}$

② $T_D = t_{pS} + t_{zuS}$

③ $T_D = t_{SS} + t_{sz}$

④ $T_D = t_{dS} + t_{zwS}$

⑤ $T_D = t_{hS} - t_{mS}$

Aufgabe 4

Welche Fertigungssteuerung arbeitet nach dem Schiebeprinzip?

① zentrale Fertigungssteuerung

② dezentrale Fertigungssteuerung

③ rechnergestützte Fertigungssteuerung

④ abteilungsgeleitete Fertigungssteuerung

⑤ ablauforientierte Fertigungssteuerung

Aufgabe 5

Vervollständigen Sie das abgebildete Diagramm zur Ermittlung der Durchlaufzeit.

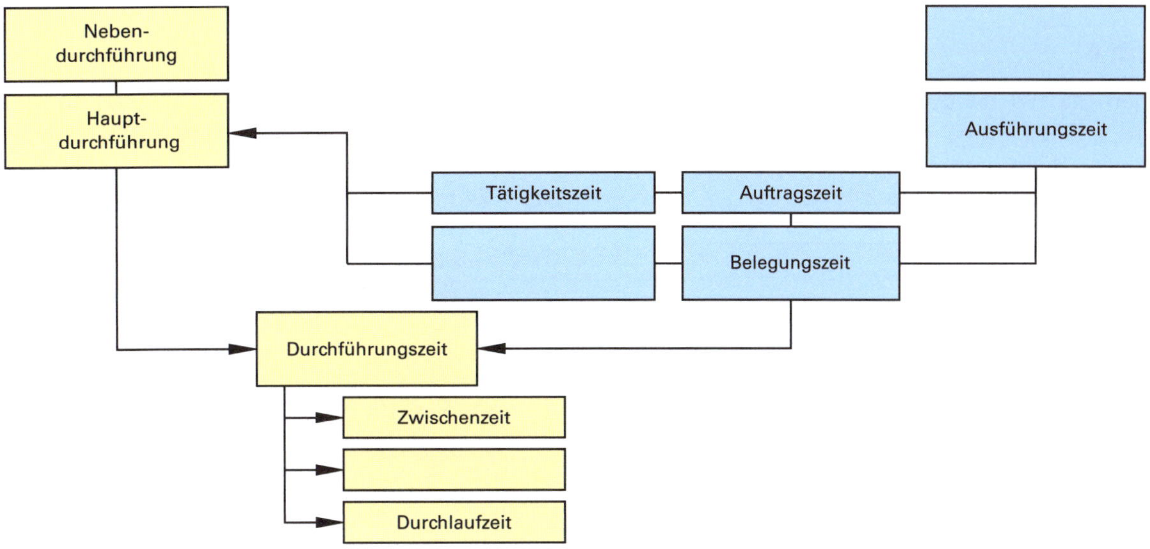

Produktionsorganisation

Aufgabe 1

Nach welcher Formel wird die Auftragszeit[1] T berechnet?

① $T = t_{rg} + t_{rer} + t_{rv}$

② $T = m + t_e$

③ $T = t_g + t_v + t_{er}$

④ $T = t_{tb} + t_u$

⑤ $T = t_r + t_a$

Aufgabe 2

Erläutern Sie den Begriff Belegungszeit[1] T_{bB}.

Aufgabe 3

Vervollständigen Sie die Gliederung der Zeitarten für das Betriebsmittel[1].

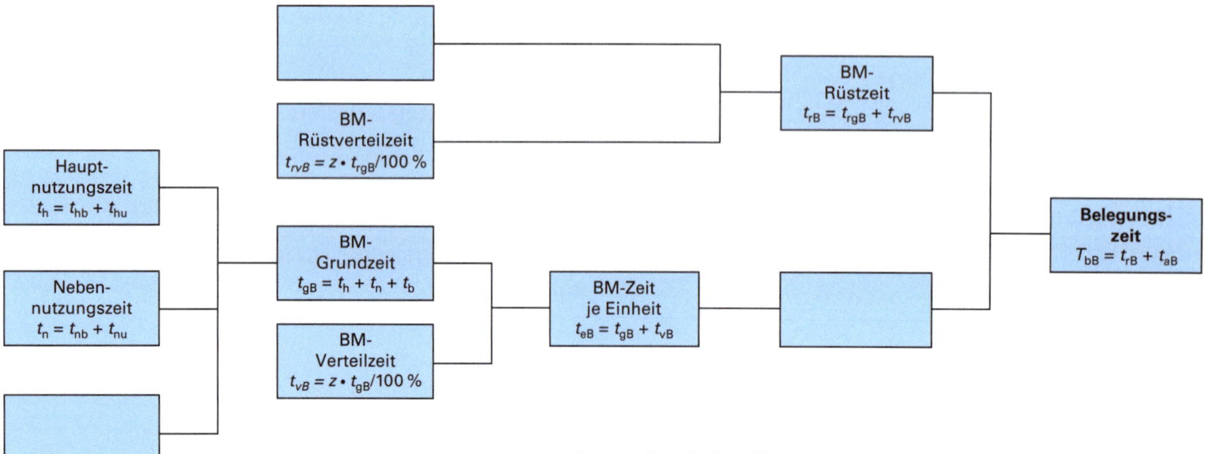

z = Prozentsätze der jeweiligen Grundzeit

Aufgabe 4

Bestimmen Sie die Rüstzeit[1] t_r, wenn die Rüstgrundzeit t_{rg} = 25 min, die Rüsterholungszeit t_{rer} = 12 % der Rüstgrundzeit t_{rg} und die Rüstverteilzeit t_{rv} = 8 % der Rüstgrundzeit t_{rg} beträgt.

Aufgabe 5

Wie groß ist die Belegungszeit[1] T_{bB} bei der Fertigung von 25 Gewindebolzen auf einer Drehmaschine?
(t_{rgB} = 24 min, t_{rvB} = 12 % von t_{rgB}, t_{eB} = 6,2 min.)

① T_{bB} = 2,88 min

② T_{bB} = 24 min

③ T_{bB} = 26,88 min

④ T_{bB} = 181,88 min

⑤ T_{bB} = 626,88 min

[1] nach REFA – Verband für Arbeitsgestaltung, Betriebsorganisation und Unternehmensentwicklung e.V.

Produktionsorganisation

Aufgabe 1

Welche Zeitart gehört nicht zu den Gliederungen der Zeitarten für den Menschen?

① Tätigkeitszeit
② sachliche Verteilzeit
③ persönliche Verteilzeit
④ persönliche Pausenzeit
⑤ Wartezeit

Aufgabe 2

Bei welcher Antwort handelt es sich um einen Bestandteil der Maschinenstundensatzrechnung?

① Konstruktionskosten
② Raumkosten
③ Selbstkosten
④ Verwaltungskosten
⑤ Werkzeugkosten

Aufgabe 3

Mit welcher Formel lässt sich die kalkulatorische Abschreibung K_{AfA} bestimmen?

Aufgabe 4

Mit welcher Formel wird die Maschinenlaufzeit T_L berechnet?

① $T_L = T_G + T_{ST} - T_{IH}$
② $T_L = T_G - T_{ST} + T_{IH}$
③ $T_L = T_G - T_{ST} - T_{IH}$
④ $T_L = T_G + T_{ST} + T_{IH}$
⑤ $T_L = T_G - T_{ST} - K_f$

Aufgabe 5

Der Beschaffungswert einer CNC-Drehmaschine beträgt 185.000 €. Die Nutzungsdauer beträgt 8 Jahre, bei einer Normalauslastung T_L = 1200 h/Jahr (100 %). Die fixen Kosten K_f betragen 34.270 € pro Jahr, die variablen Kosten k_v = 7,20 €/h.

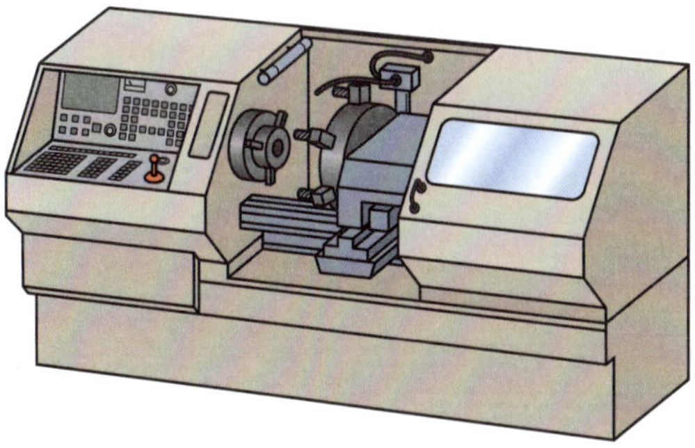

a) Ermitteln Sie den Maschinenstundensatz K_{Mh} bei 100 % Auslastung der Maschine.

b) Ermitteln Sie den Maschinenstundensatz K_{Mh} bei 70 % Auslastung der Maschine.

Produktionsorganisation

Aufgabe 1

Erläutern Sie den Begriff Kostenvergleichsrechnung.

Aufgabe 2

Wie hoch ist der Gewinn G, wenn der Deckungsbetrag DB eines Produktes mit 143,20 € ermittelt wurde und die fixen Kosten K_f mit 89,90 € berechnet sind?

① G = – 53,30 €

② G = 53,30 €

③ G = 89,90 €

④ G = 143,20 €

⑤ G = 233,10 €

Aufgabe 3

In welcher Antwort sind nur variable Kosten k_v aufgeführt, die von der Produktionsmenge abhängig sind?

① Lohnkosten, Energiekosten, Zinsen

② Energiekosten, Raumkosten, Lohnkosten

③ Abschreibungen, Zinsen, Gehälter

④ Werkstoffkosten, Lohnkosten, Energiekosten

⑤ Werkstoffkosten, Gehälter, Abschreibungen

Aufgabe 4

Wie hoch ist die Gewinnschwelle Gs, wenn der Deckungsbeitrag db bei 11,20 €/Stück liegt und mit fixen Kosten K_f von 100.200 € gerechnet wird?

① Gs = 1100 Stück

② Gs = 3089 Stück

③ Gs = 6390 Stück

④ Gs = 8947 Stück

⑤ Gs = 11000 Stück

Aufgabe 5

Für die Anschaffung einer neuen Verpackungsmaschine soll eine Kostenvergleichsrechnung erstellt werden. Folgende Angaben stehen zur Verfügung:

Verpackungsmaschine 1: K_{f1} = 128.000 €, k_{v1} = 0,90 €/Stück

Verpackungsmaschine 2: K_{f2} = 150.000 €, k_{v2} = 0,75 €/Stück

a) Berechnen Sie die Grenzstückzahl M_{Gr}.

b) Bestimmen Sie die Grenzstückzahl M_{Gr} durch das Eintragen der Daten in das abgebildete Diagramm.

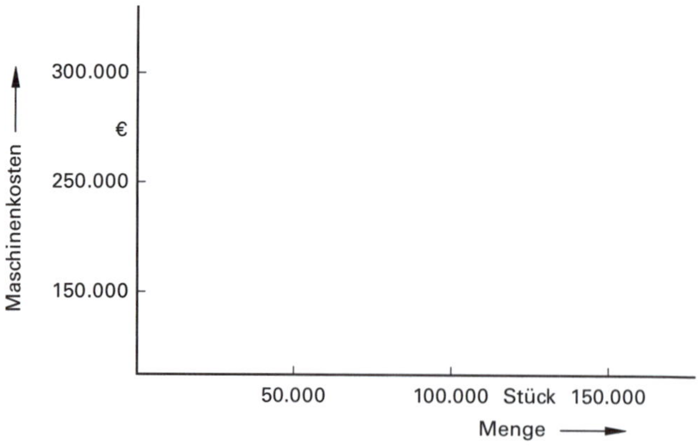

Instandhaltung

Aufgabe 1

Welche Tätigkeit ist der Zuverlässigkeitsorientierten Instandhaltung zuzuordnen?

① Bewertung von Ausfallrisiken

② Festlegung von Prioritäten für Ausfallrisiken und deren Wartung

③ Schwachstellenanalyse jeder Maschine

④ Ermittlung von Ausfallhäufigkeiten

⑤ Festlegung von wirkungsvollen Wartungsmaßnahmen

Aufgabe 2

In welcher Antwort ist die Instandhaltungsart der Instandhaltungsmaßnahme/n richtig zugeordnet?

Art	Maßnahme
① Wartung	Reparieren durch Ausbessern und Korrigieren
② Verbesserung	Schmieren und Ölen
③ Inspektion	Prüfen und Messen
④ Wartung	Diagnostizieren und Beurteilen
⑤ Instandsetzung	Auswerten von Fehlern

Aufgabe 3

a) Wie wird die Abnutzungsgrenze (s. Bild) in der Regel festgelegt?

b) Bezeichnen Sie die einzelnen Phasen im unteren Teil der Abbildung.

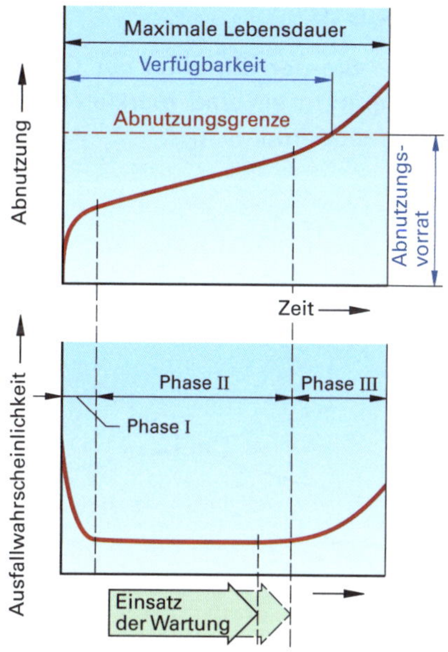

Aufgabe 4

Wie groß ist die Standmenge N bei einer Hauptnutzungszeit t_h = 1,2 Minuten und der Standzeit T = 16 Minuten?

① N = 13 Stück

② N = 12 Stück

③ N = 14 Stück

④ N = 11 Stück

⑤ N = 15 Stück

Aufgabe 5

Welcher Begriff beschreibt den möglichen Vorschubweg, den ein Werkzeug während der Standzeit im Einsatz zurücklegt?

① Standmenge

② Standroute

③ Standvolumen

④ Standweg

⑤ Standabnahme

Instandhaltung

Aufgabe 1

Welche Informationen können der Standzeit $T_{vc180VB0,2}$ = 14 min entnommen werden?

Aufgabe 2

Wobei handelt es sich nicht um ein Instandhaltungskonzept?

① sicherheitsbasierte Instandhaltung
② risikobasierte Instandhaltung
③ zustandsabhängige Instandhaltung
④ intervallabhängige Instandhaltung
⑤ störungsbedingte Instandhaltung

Aufgabe 3

Zeichnen Sie den Graphen der Gesamtkosten in das Diagramm ein und markieren Sie die Stelle des Kostenoptimums K_{Opt}.

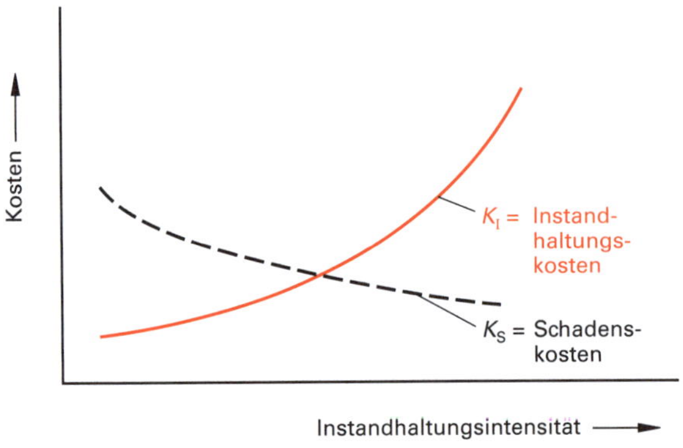

Aufgabe 4

Welche vorbeugenden Instandhaltungsarbeiten werden in der Regel in Wartungs- und Inspektionsperioden von 1400–2000 Betriebsstunden durchgeführt?

① Schmierung der Führungen
② Reinigung des Arbeitsraumes, d.h. Entfernung von Spänen etc.
③ Prüfung und ggf. Reinigung der Kühlschmierstoffanlage
④ Erneuerung von Kühlschmierstoffen
⑤ Verschleißprüfung und Nachstellen von Führungen

Aufgabe 5

Welche Angabe ist Instandhaltungsdokumenten nach DIN 6789 zu entnehmen?

① Sollzustand
② Standzeit
③ Wartungsarbeiten
④ Lebensdauer
⑤ Werkstoffkosten

Aufgabe 6

Erklären Sie den Begriff „Mean Time To Failure (MTTF)".

Spanende Fertigung

Aufgabe 1

Beim Drehen wird bei der Schnittkraftberechnung mit dem Korrekturfaktor C_2 gerechnet. Wie groß ist dieser Faktor bei hohem Schneidenverschleiß?

① $C_2 = 1{,}0$

② $C_2 = 1{,}1$

③ $C_2 = 1{,}2$

④ $C_2 = 1{,}3$

⑤ $C_2 = 1{,}4$

Aufgabe 2

Der Werkstoff X210CrW12 soll mit einem HM-Drehmeißel bearbeitet werden. Die Spanungsdicke beträgt $h = 0{,}50$ mm. Wie groß ist der Richtwert für die spezifische Schnittkraft k_c?

① $k_c = 2179\ \text{N/mm}^2$

② $k_c = 2835\ \text{N/mm}^2$

③ $k_c = 3135\ \text{N/mm}^2$

④ $k_c = 3200\ \text{N/mm}^2$

⑤ $k_c = 2008\ \text{N/mm}^2$

Aufgabe 3

Für die abgebildete Drehbearbeitung sind folgende Parameter gegeben:
$v_c = 60$ m/min, $a_p = 4$ mm, $f = 1{,}2$ mm, $d_1 = 50$ mm, $d_2 = 42$ mm

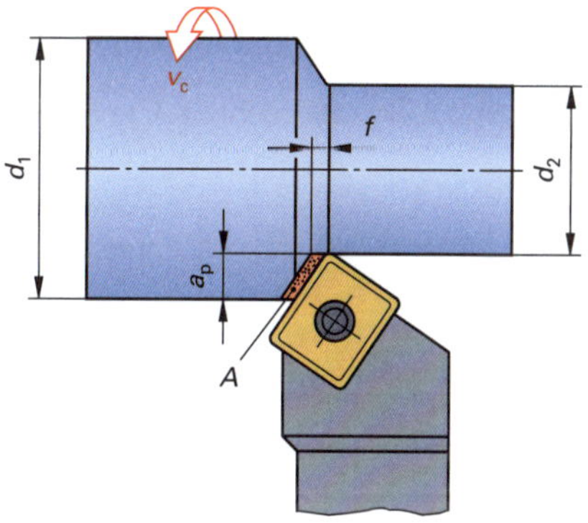

Bestimmen Sie:

a) Die Drehzahl n in min^{-1}.

b) Den Spanungsquerschnitt A in mm^2.

c) Das Zeitspanungsvolumen Q in cm^3/min.

Aufgabe 4

Mit welcher Formel wird die Antriebsleistung P_1 beim Bohren berechnet?

① $P_1 = \frac{P_c}{h}$

② $P_1 = \frac{P_c}{\mu}$

③ $P_1 = \frac{P_c}{\Omega}$

④ $P_1 = \frac{P_c}{T}$

⑤ $P_1 = \frac{P_c}{\eta}$

Aufgabe 5

Beim Bohren wird die Spanungsdicke h mit der Formel $h = \frac{f}{2} \cdot \sin \frac{\sigma}{2}$ berechnet. Welche Bedeutung hat das Formelzeichen σ?

① Schnittleistung

② Spitzenwinkel des Bohrers

③ Schnitttiefe

④ Spanungsdicke

⑤ Antriebsleistung der Maschine

Spanende Fertigung

Aufgabe 1

Ein Messerkopf mit z = 8 Wendeschneidplatten soll bei einer Drehzahl n = 500 1/min und einem Vorschub je Zahn f_z = 0,15 mm arbeiten. Welche Vorschubgeschwindigkeit v_f ist beim Planfräsen zu wählen?

① v_f = 100 mm/min

② v_f = 200 mm/min

③ v_f = 400 mm/min

④ v_f = 600 mm/min

⑤ v_f = 920 mm/min

Aufgabe 2

Mit welcher Formel wird die Schnittleistung beim Fräsen berechnet?

① $P_c = 1{,}2 \cdot A \cdot k_c \cdot C$

② $P_c = z_e \cdot F_c \cdot v_c$

③ $P_c = a_p \cdot f_c$

④ $P_c = d \cdot \pi \cdot n$

⑤ $P_c = z \cdot f_z \cdot n$

Aufgabe 3

Ermitteln Sie für die abgebildete Bohrbearbeitung folgende Werte:

a) Den Spanungsquerschnitt A je Schneide.

b) Die Spanungsdicke h.

c) Die auftretende Schnittkraft F_c.

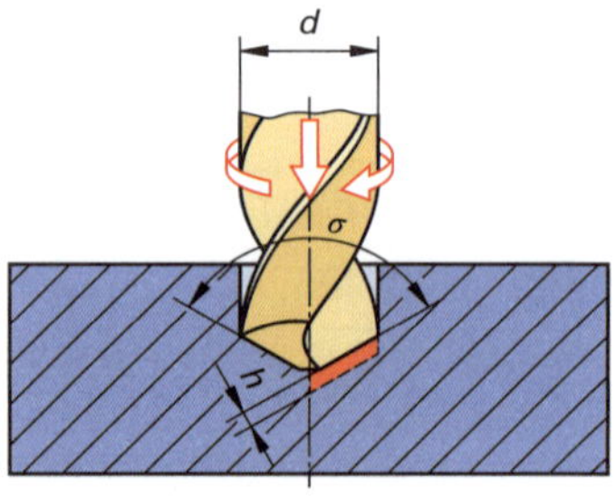

Werkstoff: AC-AlSi12

Schneidstoff: Schnellarbeitsstahl

Schneide ohne Abstumpfung

d = 10 mm

v_c = 50 m/min

f = 1,2 mm/Umdrehung

σ = 118°

Aufgabe 4

In welche drei Gruppen werden Kühlschmierstoffe eingeteilt?

Aufgabe 5

Welcher Kühlschmierstoff ist zum Schleifen einer Aluminium-Legierung gemäß den Richtlinien für die Auswahl von Kühlschmierstoffen zu verwenden?

① Schneidöl

② Emulsion

③ keine (trocken)

④ Lösung

⑤ Druckluft

Drehen

Aufgabe 1

Welcher Vorschub f ist an einer Drehmaschine einzustellen, wenn die theoretische Rautiefe R_{th} = 10 µm betragen soll? Der verwendete Drehmeißel hat einen Eckenradius von $r = 0{,}8$ mm.

① $f = 0{,}16$ mm

② $f = 0{,}18$ mm

③ $f = 0{,}25$ mm

④ $f = 0{,}31$ mm

⑤ $f = 0{,}36$ mm

Aufgabe 2

Für welche Drehverfahren eignet sich der abgebildete Drehmeißel mit der Wendeschneidplattenform V sehr gut?

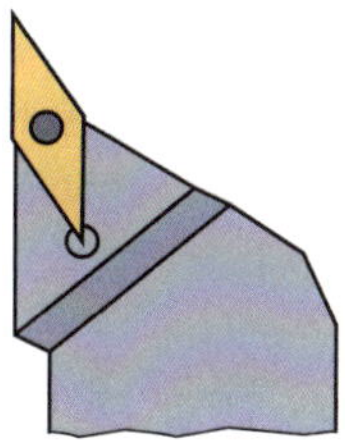

① Plandrehen

② Längsdrehen

③ Drehen mit unterbrochenem Schnitt

④ Drehen harter Werkstoffe

⑤ Drehen mit kleinem Einstellwinkel

Aufgabe 3

Der Ansatz des abgebildeten Drehteils soll in einem Arbeitsgang auf $d = 25$ mm gedreht werden.

a) Bestimmen Sie die Drehzahl n in min^{-1}.

$v_c = 160$ m/min

$l_a = 1{,}5$ mm

$f = 0{,}5$ mm

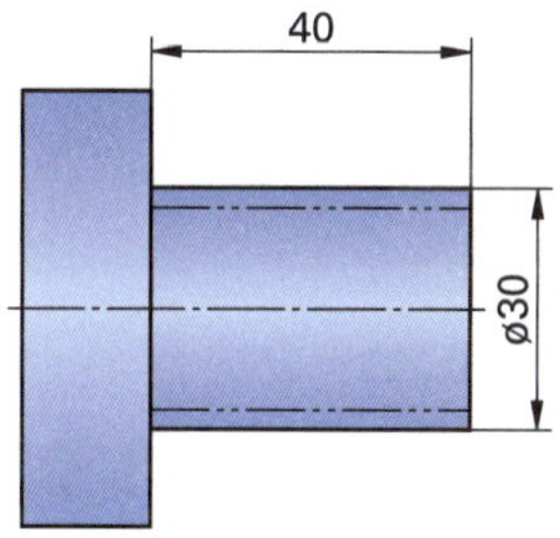

b) Berechnen Sie den Vorschubweg L in mm.

c) Bestimmen Sie die Hauptnutzungszeit t_h in min.

Aufgabe 4

Wie lassen sich Vibrationen beim Drehen verringern?

① Durch das Erhöhen der Drehzahl

② Durch das Senken des Vorschubs

③ Durch das Wählen einer positiven Schneidengeometrie

④ Durch das Erhöhen der Schnitttiefe

⑤ Durch die Auswahl einer zäheren Hartmetallsorte

Aufgabe 5

Welche Schnittgeschwindigkeit v_c wird beim Längsrunddrehen (Schruppen) von Gusseisen mit Lamellengrafit (≤ 200 HB) mit einem HSS-Werkzeug verwendet?

① $v_c = 10 \dots 16$ m/min

② $v_c = 12 \dots 20$ m/min

③ $v_c = 10 \dots 20$ m/min

④ $v_c = 14 \dots 20$ m/min

⑤ $v_c = 30 \dots 40$ m/min

Drehen

Aufgabe 1

Mit welcher Schnitttiefe a_p wird beim Hartdrehen mit kubischem Bornitrid beim Querplandrehen gedreht?

① $a_p = 0{,}05 \ldots 0{,}2$ mm

② $a_p = 0{,}15 \ldots 0{,}2$ mm

③ $a_p = 0{,}1 \ldots 0{,}4$ mm

④ $a_p = 0{,}3 \ldots 0{,}7$ mm

⑤ $a_p = 0{,}1 \ldots 0{,}3$ mm

Aufgabe 2

Mit welcher Formel lässt sich beim Längsrunddrehen die Anzahl der Schnitte beim Schruppen ermitteln?

Aufgabe 3

Welche Kegelverjüngung C besitzt der abgebildete Kegelstumpf?

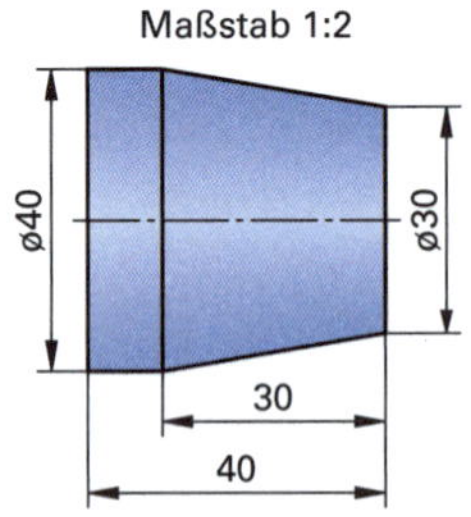

① $C = 0{,}122$

② $C = 0{,}133$

③ $C = 0{,}144$

④ $C = 0{,}222$

⑤ $C = 0{,}333$

Aufgabe 4

Welcher Einstellwinkel $\frac{\alpha}{2}$ ist am Oberschlitten einer Drehmaschine zur Fertigung eines Morsekegels Größe 2 (MK2) einzustellen?

① $\frac{\alpha}{2} = 3{,}452°$

② $\frac{\alpha}{2} = 2{,}862°$

③ $\frac{\alpha}{2} = 1{,}124°$

④ $\frac{\alpha}{2} = 2{,}168°$

⑤ $\frac{\alpha}{2} = 1{,}431°$

Aufgabe 5

Entschlüsseln Sie die Bezeichnung des angegebenen Klemmhalters:
Halter DIN 4984 – S V U N R 20 30 M16

CNC-Drehen

Aufgabe 1

Mit welchem G-Befehl wird die Inkrementalprogrammierung aufgerufen?

① G90

② G91

③ G92

④ G93

⑤ G94

Aufgabe 2

Was bewirkt die Zusatzfunktion M17?

① Spindeldrehung rechts

② Spindeldrehung links

③ Kühlmittel ein

④ Unterprogramm Ende

⑤ Konstanter Vorschub

Aufgabe 3

Ergänzen Sie das CNC-Programm.

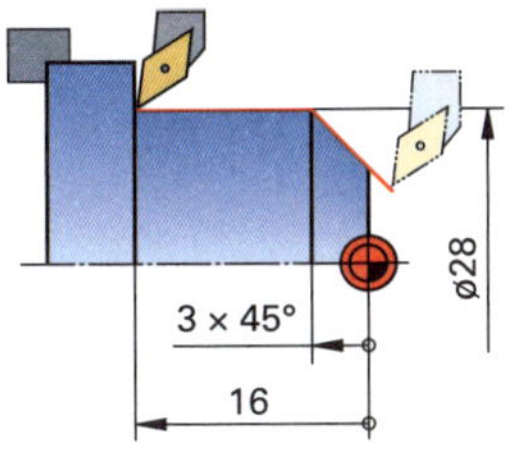

CNC-Programm				
% 01				
N1	G90			M04
N2	G96	F0.2		S180
N3	G00	X ____		Z2
N4	G __	X ____		Z-3
N5				Z-16
N6	G00	X200		Z200
N7				M30

Aufgabe 4

Welche Informationen (nach PAL) können Sie dem CNC-Programmsatz entnehmen?

N20 G84 ZA-30 U1

Aufgabe 5

Welchem PAL-Zyklus (Drehen) ist der richtige G-Befehl zugeordnet?

① G82 Einstechzyklus radial

② G84 Einstechzyklus axial

③ G85 Freistichzyklus

④ G86 Gewindebohrzyklus

⑤ G87 axialer Einstechzyklus

Aufgabe 6

Was bedeutet im Gewindezyklus G31 (nach PAL) die Angabe Q?

① Anzahl der Leerdurchläufe

② Reduzierwert der Zustelltiefe 1 mm

③ Rückzugabstand 1 mm

④ Anzahl der Schnitte (Zustellungen)

⑤ Zustelltiefe 1 mm

CNC-Drehen

Aufgabe 1

In einem CNC-Programm ist folgender Satz zu finden:

N25 G31 X20 Z-30 F3 D2,15 ZS-10 XS30 Q12 13 H14

Was bedeutet die Angabe H14?

____

____

____

____

Aufgabe 2

Welche Zusatzfunktion ist richtig zugeordnet?

① M00 Programmende

② M03 Spindel gegen Uhrzeigersinn

③ M04 Spindel im Uhrzeigersinn

④ M06 Werkzeugwechsel

⑤ M09 Kühlschmiermittel EIN

Aufgabe 3

Durch den Befehl G22 werden Unterprogramme aufgerufen. Was bedeutet dabei die Angabe H7?

① Unterprogramm zur Fertigung einer Passung

② Anzahl der Wiederholungen des Unterprogrammes

③ Sicherheitsabstand 7 mm

④ Nummer des Unterprogramms

⑤ Mindestzustellung 7 mm

Aufgabe 4

Welcher G-Befehl ist dem richtigen Zyklus nach PAL (Drehen) zugeordnet?

① G14 Gewindezyklus

② G47 Stirnseiten-Bearbeitungsebenen

③ G81 Längsschruppzyklus

④ G71 Kettenmaßangabe

⑤ G90 absolute Maßangabe

Aufgabe 5

Ergänzen Sie das CNC-Programm (nach PAL).

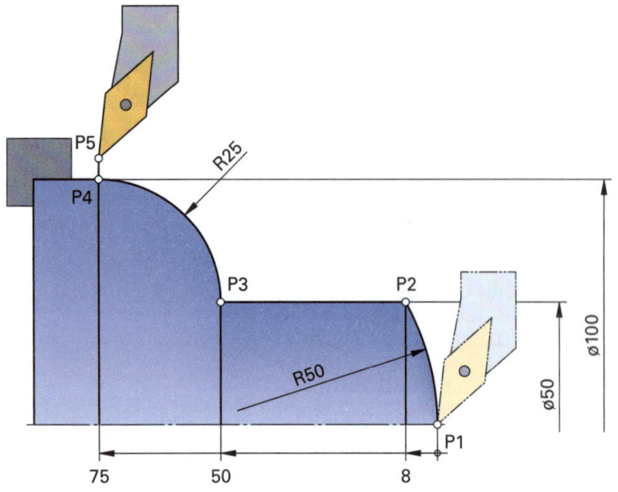

CNC-Programm

N30	G01	X0	Z0 M04		
N40	G03	X50	Z___	I0	K___
N50	G01		Z___		
N60	G03	X100	Z-75	I___	K-25
N70	G01	X104			

Fräsen

Aufgabe 1

Ein Werkzeugstahl ($R_m \leq 750$ N/mm²) soll mit einem unbeschichteten HSS-Walzenstirnfräser bearbeitet werden. Wie groß sind die Richtwerte der Schnittgeschwindigkeit v_c?

① $v_c = 50 \ldots 60$ m/min

② $v_c = 25 \ldots 35$ m/min

③ $v_c = 50 \ldots 70$ m/min

④ $v_c = 30 \ldots 60$ m/min

⑤ $v_c = 70 \ldots 90$ m/min

Aufgabe 2

Wie groß ist die berechnete Schnittgeschwindigkeit v_c des dargestellten Fräsvorganges, wenn die Drehzahl $n = 180$ 1/min beträgt?

① $v_c = 50{,}3$ m/min

② $v_c = 26{,}7$ m/min

③ $v_c = 30{,}2$ m/min

④ $v_c = 12{,}8$ m/min

⑤ $v_c = 35{,}6$ m/min

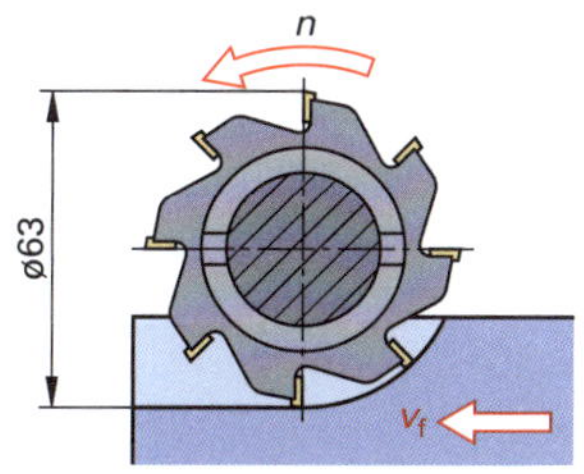

Aufgabe 3

Ein Werkstück aus Gusseisen mit Lamellengrafit (≤ 200 HB) soll mit einem 90°-Planfräser mit HM-Wendeschneidplatten bearbeitet werden ($\alpha_e = 0{,}5 \cdot d$). Bestimmen Sie folgende Richtwerte:

a) Schnittgeschwindigkeit v_c.

b) Vorschub je Schneide f_z.

Aufgabe 4

Ein Werkstück aus Automatenstahl ($R_m \leq 570$ N/mm²) soll mit einem beschichteten HSS-Schaftfräser schruppend bearbeitet werden. Wie groß ist die empfohlene Schnittgeschwindigkeit v_c?

① $v_c = 65 \ldots 75$ m/min

② $v_c = 60 \ldots 70$ m/min

③ $v_c = 50 \ldots 70$ m/min

④ $v_c = 30 \ldots 60$ m/min

⑤ $v_c = 180 \ldots 220$ m/min

Aufgabe 5

Wie groß ist die Hauptnutzungszeit t_h des dargestellten Schruppvorganges?

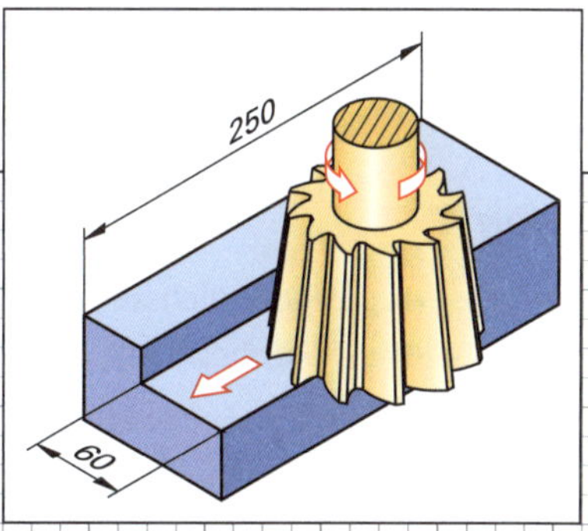

$d = 100$ mm, $z = 16$, $f_z = 0{,}2$ mm

$n = 71$ 1/min, $i = 4$

$l_a = 2{,}5$ mm, $l_u = 2{,}5$ mm

Fräsen

Aufgabe 1

Welche kleinste Winkelteilung α kann bei einem Teilkopf mit einer 24-Loch-Teilscheibe beim direkten Teilverfahren erreicht werden?

① $\alpha = 5°$

② $\alpha = 9°$

③ $\alpha = 24°$

④ $\alpha = 15°$

⑤ $\alpha = 10°$

Aufgabe 2

Wie müssen die Einflussgrößen eines Fräsvorganges geändert werden, um das Problem einer schlechten Oberflächengüte zu beseitigen?

Aufgabe 3

Berechnen Sie beim dargestellten schruppenden Fräsvorgang folgende Größen:

a) Drehzahl n b) Vorschubweg $L_{Schruppen}$ c) Hauptnutzungszeit t_h

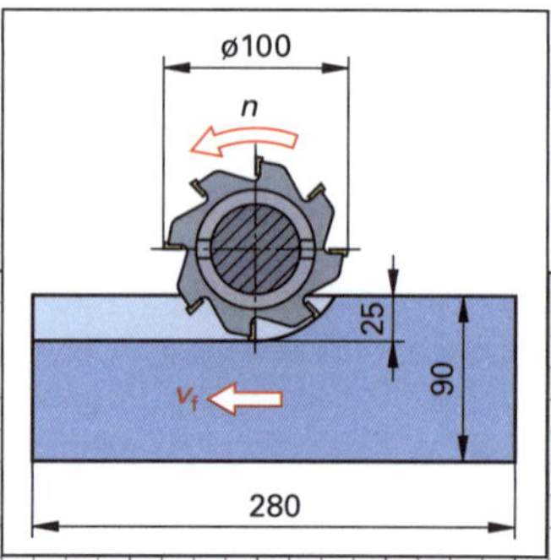

$z = 8$, $f_z = 0{,}1$, $i = 1$

$v_c = 35$ m/min, $l_a = 2$ mm

$l_u = 2$ mm

Aufgabe 4

Welcher Frästyp eignet sich sehr gut für das dargestellte Anwendungsbeispiel?

① Planfräser

② Eckfräser

③ Scheibenfräser

④ Walzenstirnfräser

⑤ Kugelschaftfräser

zweiseitige Fräsbearbeitung

Aufgabe 5

Welche Richtwerte für v_c sind beim Konturfräsen mit einem beschichteten VHM-Schaftfräser zu wählen, wenn eine Al-Knetlegierung bearbeitet werden soll?

① $v_c = 110 \ldots 130$ m/min

② $v_c = 130 \ldots 165$ m/min

③ $v_c = 320 \ldots 380$ m/min

④ $v_c = 550 \ldots 650$ m/min

⑤ $v_c = 750 \ldots 900$ m/min

CNC-Fräsen

Aufgabe 1

Welche Bedeutung hat die G-Funktion G0 nach PAL?

① Verfahren im Eilgang

② Unterprogrammaufruf

③ Umschaltung auf Maßeinheit Zoll

④ Bohrfräszyklus

⑤ Reibzyklus

Aufgabe 2

Mit welcher G-Funktion nach PAL wird ein Konturtaschenzyklus eröffnet?

① G1

② G91

③ G85

④ G34

⑤ G77

Aufgabe 3

Ergänzen Sie die fehlenden Angaben des Programmausschnittes.

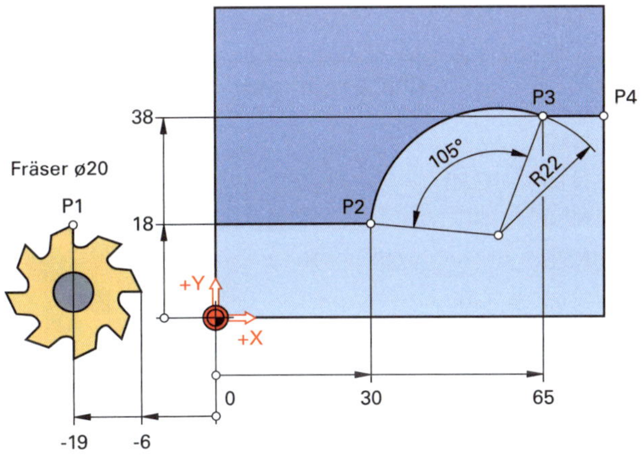

CNC-Programm					
N10	T..	TC..	F..	S..	M..
N15	G90	G42			
N20	G0	X-19	____	Z-5	
N25	G1	____			
N30	G2	____	____	____	R+22
N35	G1	X75			
N40	...				

Aufgabe 4

Mit welcher G-Funktion nach PAL wird ein Unterprogramm aufgerufen?

① G23

② G29

③ G22

④ G40

⑤ G41

Aufgabe 5

Nennen und erläutern Sie die verpflichtenden Adressen für die Programmierung eines Bohrzyklus.

____

____

____

____

____

____

CNC-Fräsen

Aufgabe 1

Welche Bedeutung hat die G-Funktion G40 nach PAL?

① Verfahren im Eilgang

② Unterprogrammaufruf

③ Abwahl der Fräserradiuskorrektur

④ Bohrfräszyklus

⑤ Reibzyklus

Aufgabe 2

Mit welcher G-Funktion wird nach PAL eine konstante Drehzahl eingestellt?

① G78

② G94

③ G85

④ G97

⑤ G77

Aufgabe 3

Ergänzen Sie die Satznummer des Programmausschnittes N25 mit G41 oder G42.

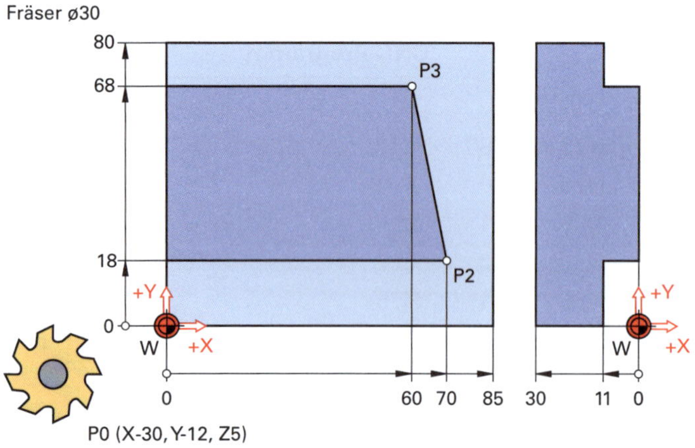

CNC-Programm					
N10..					
N15	G90				
N20	G0		X-30	Y-12	Z5
N25	____	G0	X-17	Y18	
N30	G0				Z-11
N35	G1		70		
N40	G1		60	Y68	
N45	G1		X-17		

Aufgabe 4

Mit welcher Adresse wird bei einem Kreistaschen- und Zapfenfräszyklus G73 die Tiefe der Kreistasche festgelegt?

① ZA

② AK

③ XA

④ W

⑤ V

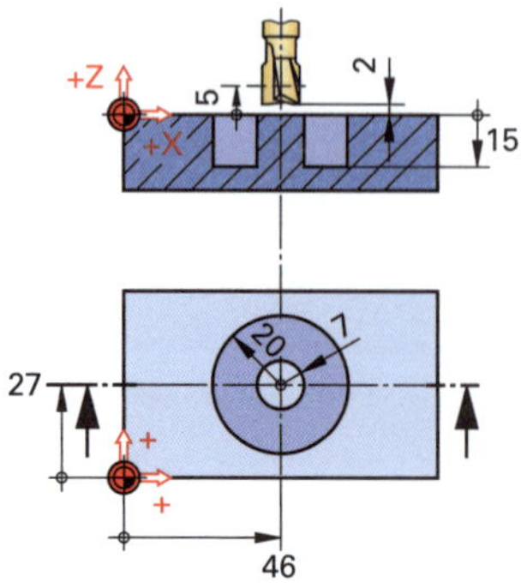

Aufgabe 5

Wodurch unterscheidet sich G76 von G77?

Bohren, Senken, Reiben

Aufgabe 1

Welchen Spitzenwinkel weist ein Spiralbohrer Typ W aus HSS in der Regel auf?

① 118°

② 119°

③ 120°

④ 125°

⑤ 130°

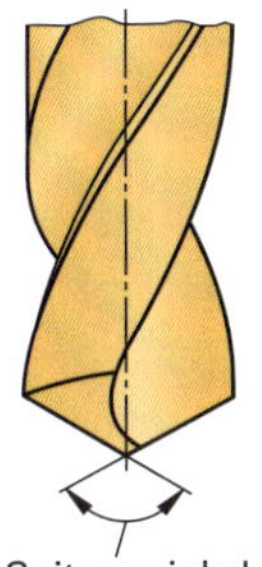

Aufgabe 2

Ein Werkzeugstahl ($R_m \leq 750$ N/mm²) soll mit einem beschichteten HM-Bohrer bearbeitet werden. Wie groß ist der Richtwert der Schnittgeschwindigkeit v_c?

① $v_c = 60 \ldots 85$ m/min

② $v_c = 20 \ldots 30$ m/min

③ $v_c = 0 \ldots 50$ m/min

④ $v_c = 6 \ldots 8$ m/min

⑤ $v_c = 8 \ldots 12$ m/min

Aufgabe 3

Berechnen Sie die Hauptnutzungszeit t_h in min für das Reiben der Bohrung.

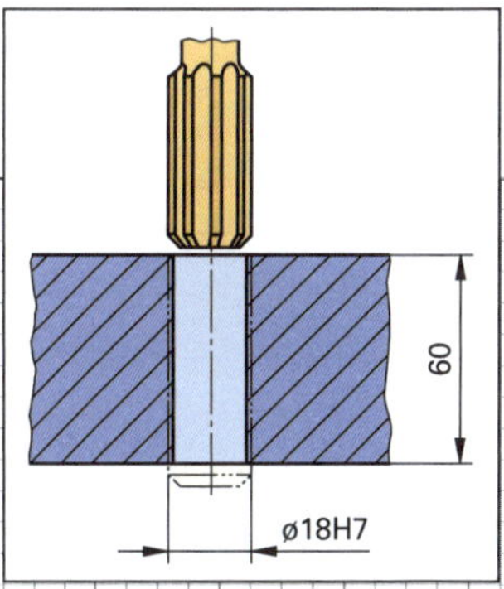

$n = 250$ 1/min, $l_s = 5{,}4$ mm

$l_a = l_u = 2$ mm, $f = 0{,}15$ mm

Aufgabe 4

Wie groß ist der Richtwert der Schnittgeschwindigkeit v_c für das Reiben eines Baustahls ($R_m < 500$ N/mm²) mit einer Reibahle aus unbeschichtetem HSS?

① $v_c = 12 \ldots 18$ m/min

② $v_c = 10 \ldots 12$ m/min

③ $v_c = 0 \ldots 50$ m/min

④ $v_c = 20 \ldots 30$ m/min

⑤ $v_c = 8 \ldots 14$ m/min

Aufgabe 5

Wie groß ist der Richtwert für den Vorschub f des dargestellten Bohrvorgangs?

① $f = 0{,}14$ mm

② $f = 0{,}08$ mm

③ $f = 0{,}13$ mm

④ $f = 0{,}11$ mm

⑤ $f = 0{,}12$ mm

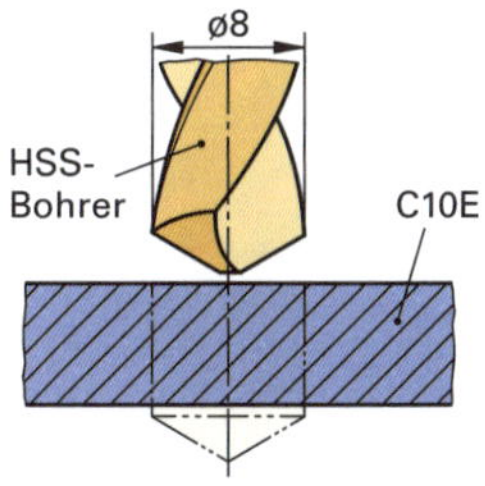

Bohren, Senken, Reiben

Aufgabe 1

Nennen Sie drei Werkstoffgruppen, bei deren Bearbeitung ein Spiralbohrer aus HSS Typ N verwendet wird.

Aufgabe 2

Wie groß ist der Anschnitt l_s für einen Spiralbohrer $d = 12$ mm aus HSS Typ H?

① $l_s = 3{,}6$ mm

② $l_s = 2{,}5$ mm

③ $l_s = 7{,}2$ mm

④ $l_s = 12$ mm

⑤ $l_s = 6$ mm

Aufgabe 3

Berechnen Sie die Hauptnutzungszeit t_h in min für den dargestellten Bohrvorgang.

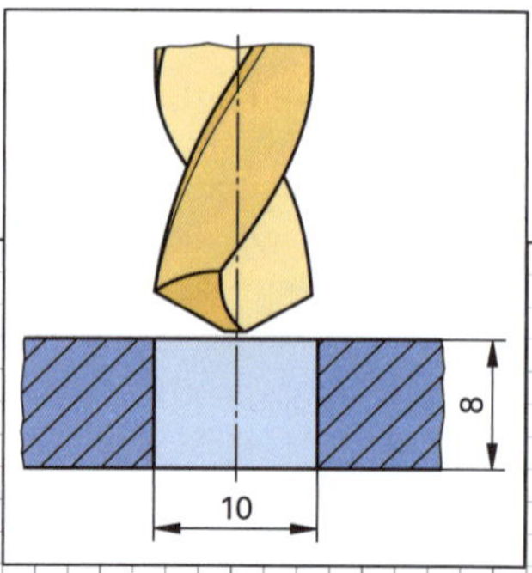

$n = 500$ 1/min, $f = 0{,}15$ mm

$l_a = l_u = 1$ mm, $l_s = 3$ mm

Aufgabe 4

Mit welcher Formel lässt sich die Hauptnutzungszeit t_h beim Senken berechnen?

Aufgabe 5

Wie groß ist der Richtwert der Schnittgeschwindigkeit v_c für das Gewindebohren eines Baustahls (R_m < 400 N/mm²) mit einem HSSE-PM-Gewindebohrer?

① $v_c = 10 \ldots 15$ mm/min

② $v_c = 16 \ldots 30$ mm/min

③ $v_c = 4 \ldots 6$ mm/min

④ $v_c = 20 \ldots 30$ mm/min

⑤ $v_c = 10 \ldots 18$ mm/min

Schleifen

Aufgabe 1

Mit welcher Formel wird die Werkstückgeschwindigkeit v_w des Längsrundschleifens berechnet?

Aufgabe 2

Wie groß ist der Richtwert für die Schnittgeschwindigkeit v_c beim Planschleifen (Umfangsschleifen) von Hartmetall?

① $v_c = 25$ m/s

② $v_c = 30$ m/s

③ $v_c = 10$ m/s

④ $v_c = 18$ m/s

⑤ $v_c = 35$ m/s

Aufgabe 3

Welche höchstzulässige Umfangsgeschwindigkeit $v_{c\,max}$ besitzt eine Schleifscheibe mit einem gelben Farbstreifen?

① $v_{c\,max} = 25$ m/s

② $v_{c\,max} = 50$ m/s

③ $v_{c\,max} = 63$ m/s

④ $v_{c\,max} = 100$ m/s

⑤ $v_{c\,max} = 125$ m/s

Aufgabe 4

Welche Anwendungsgebiete besitzt das Schleifmittel Diamant?

Aufgabe 5

Wie nennt man das abgebildete Schleifverfahren?

① Längsrundschleifen

② Längsquerschleifen

③ Einstechschleifen

④ Planschleifen

⑤ Spitzenloses Rundschleifen

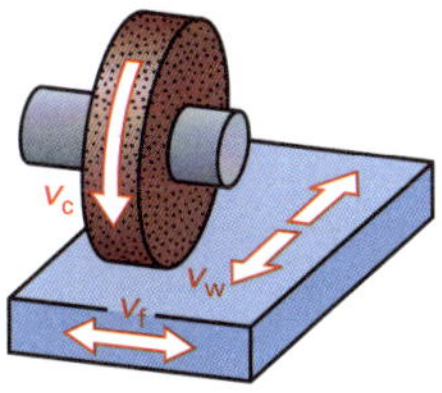

Aufgabe 6

Was bedeutet die Kennzeichnung VE 10 auf einem Schleifkörper?

Schleifen

Aufgabe 1

Welches Zeichen steht für das Schleifmittel Bornitrid?

① D

② C

③ BN

④ BK

⑤ CBN

Aufgabe 2

Welche Härtegrade sind zum Schleifen sehr harter Werkstoffe geeignet?

① A B C D

② T U V W

③ X Y Z

④ A T U V W

⑤ L M

Aufgabe 3

Nennen Sie für eine Keramikbindung das Kurzzeichen, die Eigenschaften und ihre Anwendungen.

Aufgabe 4

Mit welcher Formel können Sie für den dargestellten Schleifvorgang den Vorschubweg L berechnen?

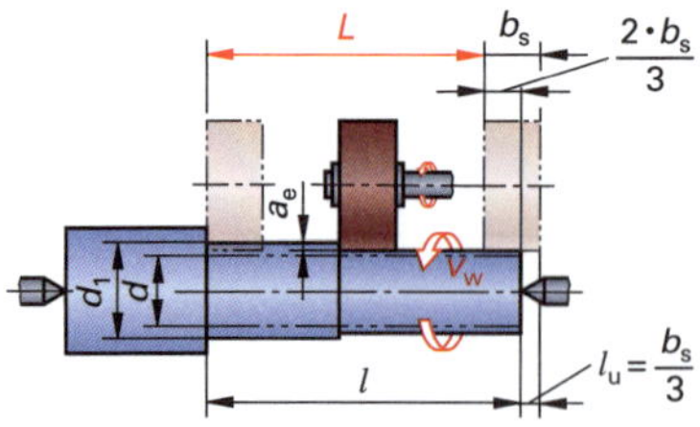

Aufgabe 5

Welches Schleifmittel und welche Körnung einer Schleifscheibe $D = 70$ mm wird zu Innenrundschleifen von ungehärtetem Stahl gewählt?

	Schleifmittel	Körnung
①	A	60
②	C	80
③	D	120
④	C	54
⑤	A	54

CNC-Technik

Aufgabe 1

Skizzieren Sie die Symbole für den Werkstücknullpunkt W und den Referenzpunkt R nach DIN ISO 2806.

Werkstücknullpunkt W:

Referenzpunkt R:

Aufgabe 2

Aus welchen Elementen setzt sich bei einem CNC-Steuerprogramm ein Satz zusammen?

① Vorschub, Werkzeug, Programmindex, Satz-Nummer, Weginformation

② Wegbedingung, Schnittgeschwindigkeit, Zusatzfunktion, Satz-Nummer, Vorschub, Werkzeug, Weginformation

③ Weginformation, Zusatzfunktion, Werkzeug, Satz-Nummer, Wegbedingung, Vorschub

④ Mechanische Information, Vorschub, Werkzeug, Satz-Nummer, Wegbedingung

⑤ Vorschub, Werkzeug, Wegbedingung, Programmindex, Zusatzfunktion

Aufgabe 3

Welche Bahnkorrektur ist dargestellt?

① Drehmeißel oben

② Drehmeißel rechts

③ Drehmeißel links

④ Drehmeißel unten

⑤ Drehmeißel mittig

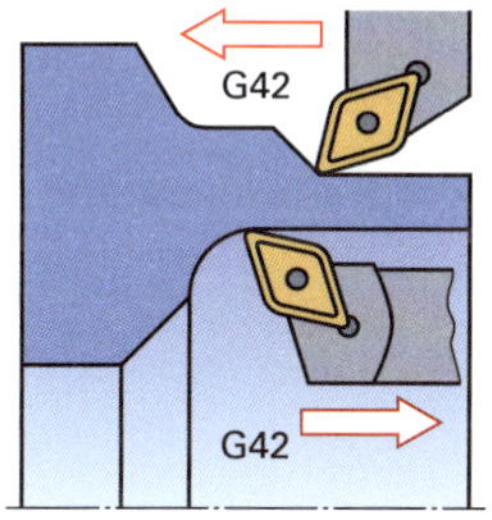

Aufgabe 4

Welcher Finger stellt bei der Rechte-Hand-Regel die Koordinatenachse Y dar?

① Daumen

② Zeigefinger

③ Mittelfinger

④ Ringfinger

⑤ kleiner Finger

Aufgabe 5

Ergänzen Sie das CNC-Programm.

CNC-Programm					
N...					
N10	G00	X20	Y10	Z1	(P1)
N20	G01			Z0	(P2)
N30		____	____	____	(P3)
N...					

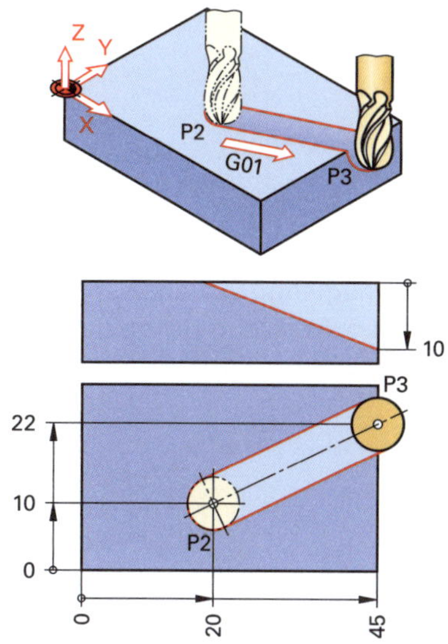

CNC-Technik

Aufgabe 1

Mit welcher Funktion werden die Bahnkorrekturen G41 und G42 wieder abgewählt?

① G74

② G96

③ G04

④ G53

⑤ G40

Aufgabe 2

Wobei handelt es sich um eine satzweise Wegfunktion, die nur in dem Satz wirksam ist, in dem sie programmiert ist?

① G42

② G01

③ G94

④ G95

⑤ G18

Aufgabe 3

Welche Programmiermöglichkeit nach PAL ist für die Linearinterpolation von P2 nach P3 sinnvoll?

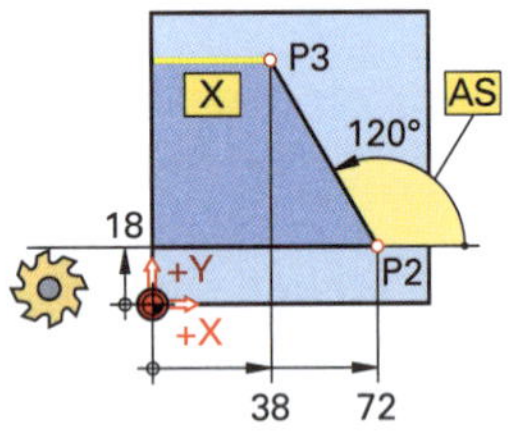

① Absolutprogrammierung mit XA-, YA- und ZA-Koordinaten in NC-Programmen mit G91

② Übergangselemente Radius RN+ und Fase RN–

③ Anfangswinkel AS mit Koordinatenwert X

④ Kreisinterpolation mit absoluten Mittelpunktkoordinaten

⑤ Inkrementalprogrammierung mit XI-, YI- und ZI-Koordinaten in NC-Programmen mit G90

Aufgabe 4

Welche Bedeutung hat die Funktion M02 nach DIN 66025?

① Spindel im Uhrzeigersinn

② Programmende

③ Spindel halt

④ Werkzeugwechsel

⑤ Programmende mit Rücksetzen

Aufgabe 5

Tragen Sie die Werkzeuglänge *Z*, den Werkzeugradius *R*, den Werkzeugträger-Bezugspunkt *T*, den Werkzeug-Bezugspunkt *E* und den Werkzeug-Schneidenpunkt *P* in der Abbildung ein.

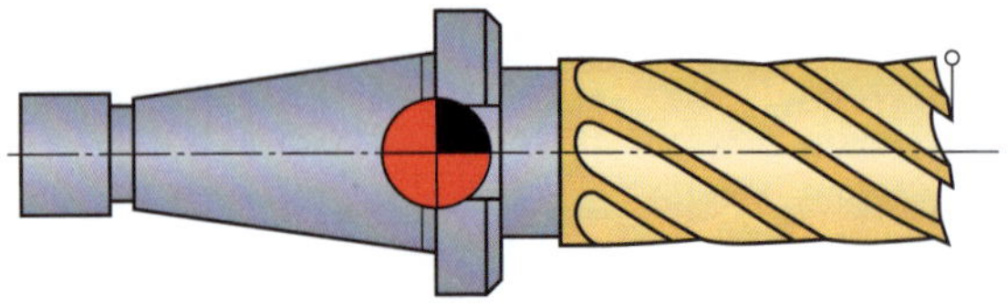

Abtragen

Aufgabe 1

Wie groß ist beim dargestellten funkenerosiven Schneiden die Hauptnutzungszeit t_h für den Werkstoff Kupfer sowie der Formtoleranz $T = 20$ µm?

① $t_h = 102$ min
② $t_h = 107$ min
③ $t_h = 112$ min
④ $t_h = 117$ min
⑤ $t_h = 122$ min

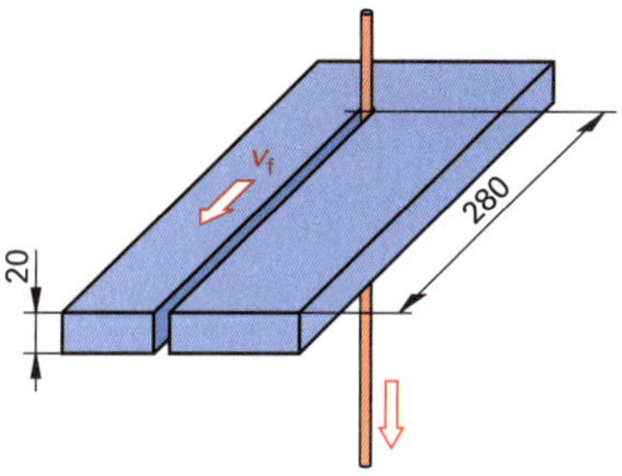

Aufgabe 2

Wie groß ist die elektrische Leitfähigkeit des Drahtwerkstoffes Wolfram?

① 18,2 m/(Ω · mm²)
② 13,5 m/(Ω · mm²)
③ 18,5 m/(Ω · mm²)
④ 13,2 m/(Ω · mm²)
⑤ 13,8 m/(Ω · mm²)

Aufgabe 3

Wie lautet die Formel für den relativen Werkzeugverschleiß beim funkenerosiven Senken?

Aufgabe 4

Wie groß ist beim funkenerosiven Senken die Hauptnutzungszeit t_h für das Schlichten von Stahl mittels Kupferelektrode? Die angestrebte Rautiefe beträgt $R_z = 5$ µm, das Abtragvolumen $V = 148$ mm³.

① $t_h = 63$ min
② $t_h = 68$ min
③ $t_h = 73$ min
④ $t_h = 78$ min
⑤ $t_h = 83$ min

Aufgabe 5

Vervollständigen Sie das Diagramm zum funkenerosiven Senken mit folgenden Begriffen: Impulspause, Impulsdauer, Entladestrom I, Zeit t.

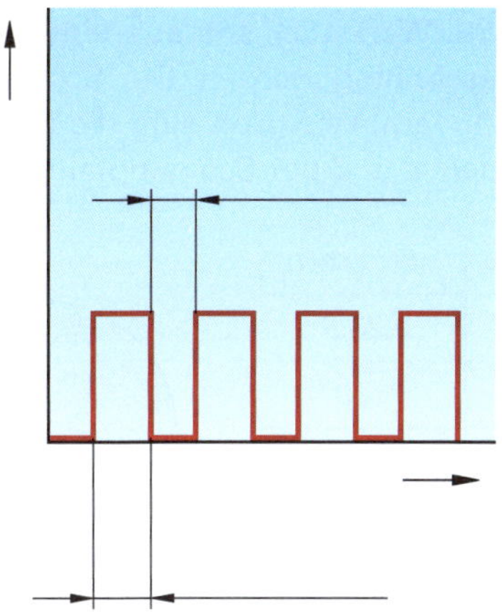

Aufgabe 6

Nennen Sie drei Spülverfahren, die beim funkenerosiven Senken zur Anwendung kommen können.

Trennen durch Schneiden

Aufgabe 1

Welche Funktion übernimmt der dargestellte Einspannzapfen im Werkzeugbau?

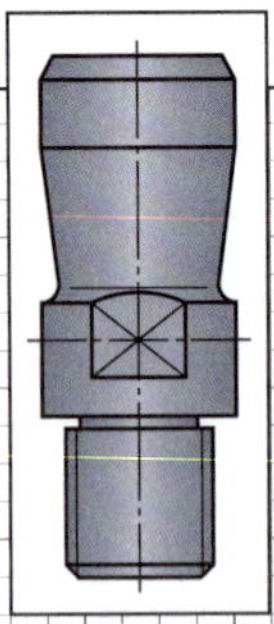

Aufgabe 2

In welcher Norm sind Führungssäulen angegeben?

① DIN 9819

② DIN 9825

③ DIN 9831

④ DIN 9861

⑤ DIN 110

Aufgabe 3

Berechnen Sie die Schneidarbeit W in Nm für das aus einem Blechstreifen gelochte und ausgeschnittene Werkstück. Die gesamte Scherfläche beträgt S = 599 mm² und die Zugfestigkeit des Werkstoffes $R_{m\ max}$ = 490 N/mm².

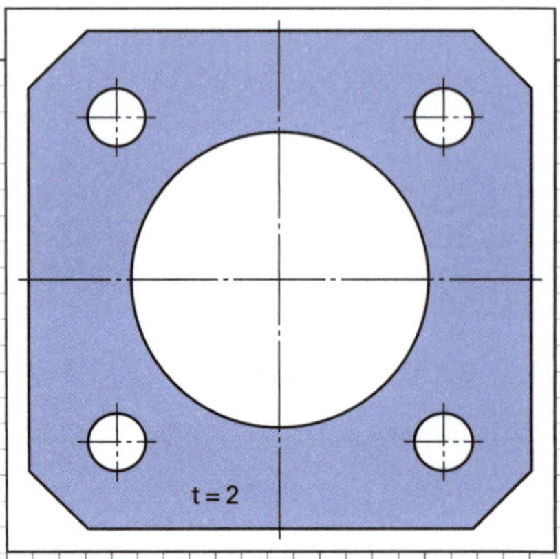

Aufgabe 4

Wie groß ist der Streifenausnutzungsgrad η des dargestellten Schneidvorgangs pro Vorschub?

① η = 99 %

② η = 26 %

③ η = 23 %

④ η = 74 %

⑤ η = 65 %

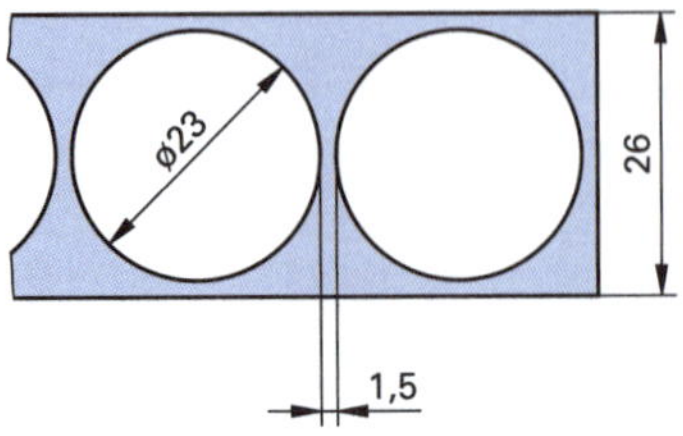

Aufgabe 5

Das dargestellte Werkstück soll aus einem Blechstreifen ausgeschnitten werden. Der Schneidspalt beträgt u = 0,05 mm. Wie groß sind die Maße des Schneidstempels d und der Schneidplatte D?

	d in mm	D in mm
①	30	29,9
②	30	30
③	29,9	30
④	25	30
⑤	29	30

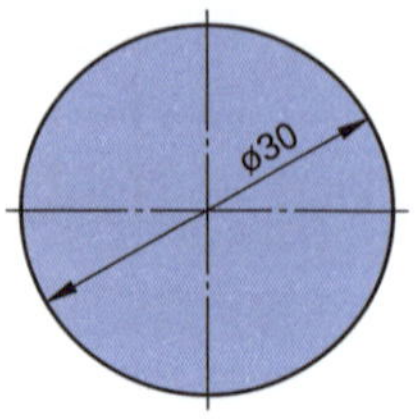

Biegen

Aufgabe 1

Welches Biegeverfahren ist dargestellt?

① Freies Biegen
② Gesenkbiegen
③ Schwenkbiegen
④ Rollbiegen
⑤ Walzbiegen

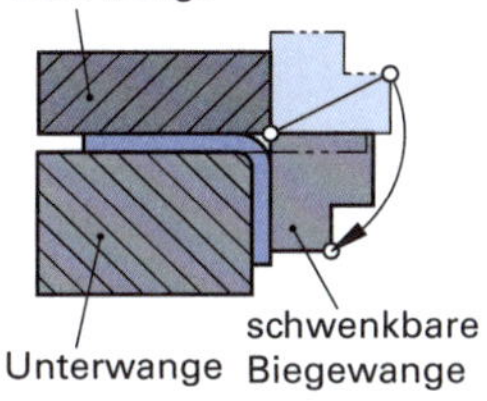

Aufgabe 2

Wie groß ist der kleinste zulässige Biegeradius r eines Bleches s = 3 mm aus AlMg3-H14 für den Biegewinkel $\alpha = 90°$?

① $r = 2$ mm
② $r = 4$ mm
③ $r = 6$ mm
④ $r = 8$ mm
⑤ $r = 10$ mm

Aufgabe 3

Mit welchen Formeln wird die gestreckte Länge nach DIN 6935 berechnet?

Aufgabe 4

Für welche Anwendungsgebiete eignet sich das Biegeverfahren „Freies Biegen"?

Aufgabe 5

Wie groß ist der Rückfederungsfaktor k_R des Werkstoffes CuNi18Zn20-R400, wenn das r_2/s – Verhältnis 10 beträgt?

① $k_R = 0{,}97$
② $k_R = 0{,}96$
③ $k_R = 0{,}98$
④ $k_R = 0{,}95$
⑤ $k_R = 0{,}94$

Aufgabe 6

Wie groß ist der Mindest-Biegeradius r_{min} des skizzierten Rohres aus E235?

① $r_{min} = 20$ mm
② $r_{min} = 50$ mm
③ $r_{min} = 80$ mm
④ $r_{min} = 35$ mm
⑤ $r_{min} = 22$ mm

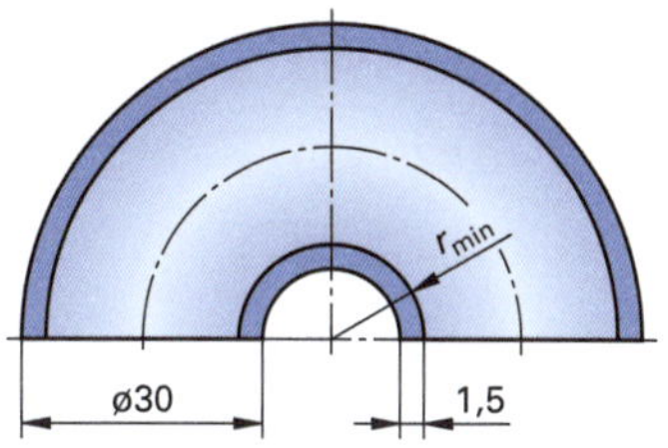

Tiefziehen

Aufgabe 1

Welches Tiefziehverfahren ist dargestellt? Nennen Sie drei Anwendungen.

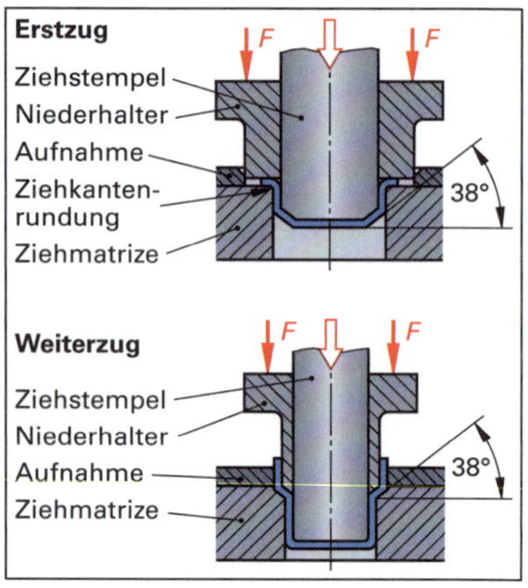

Aufgabe 2

Mit welcher Formel wird der Zuschnittdurchmesser *D* des dargestellten Ziehteils berechnet?

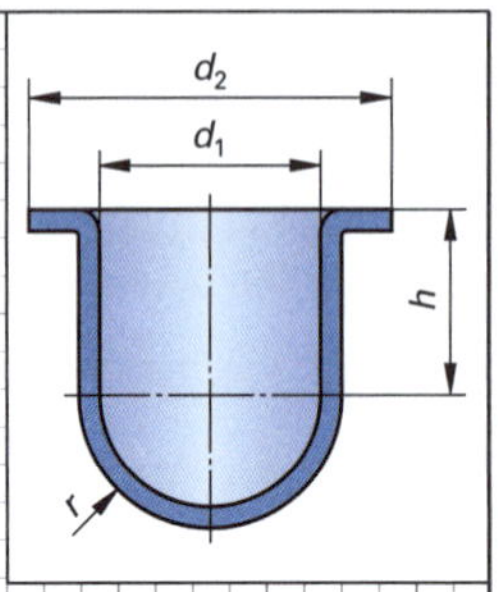

Aufgabe 3

Auf welchen kleinsten Durchmesser d_1 kann der skizzierte zylindrische Hohlkörper aus DC01 beim ersten Zug gezogen werden? Der Zuschnittdurchmesser beträgt $D = 120$ mm.

① $d_1 = 50$ mm

② $d_1 = 60$ mm

③ $d_1 = 63{,}2$ mm

④ $d_1 = 66{,}7$ mm

⑤ $d_1 = 110$ mm

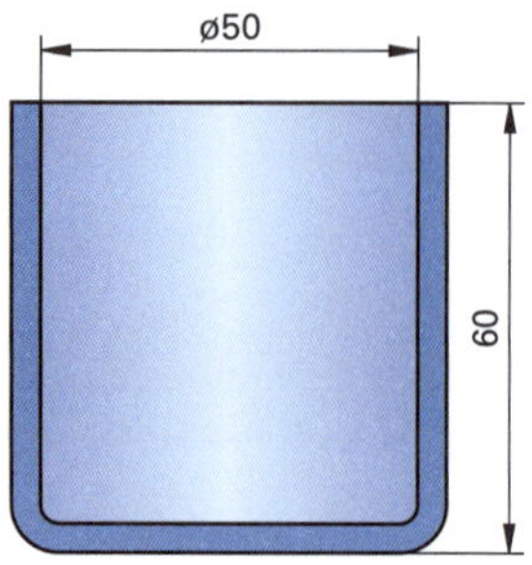

Aufgabe 4

Mit welcher Formel lässt sich beim Tiefziehen von Aluminium der Ziehspalt *w* berechnen?

① $w = s + 0{,}07 \cdot \sqrt{10 \cdot s}$

② $w = s + 0{,}02 \cdot \sqrt{10 \cdot s}$

③ $w = s + 0{,}04 \cdot \sqrt{10 \cdot s}$

④ $w = s + 0{,}03 \cdot \sqrt{10 \cdot s}$

⑤ $w = s + 0{,}01 \cdot \sqrt{10 \cdot s}$

Aufgabe 5

Wie groß ist der Niederhalterdruck *p* beim Tiefziehen von Cu-Legierungen?

① $p = 2{,}5$ N/mm²

② $p = 2{,}5 \ldots 2{,}8$ N/mm²

③ $p = 2{,}0 \ldots 2{,}4$ N/mm²

④ $p = 1{,}2 \ldots 1{,}5$ N/mm²

⑤ $p = 5{,}0 \ldots 5{,}2$ N/mm²

Spritzgießen

Aufgabe 1

Beschriften Sie die skizzierte hydraulische Horizontalspritzgießmaschine.

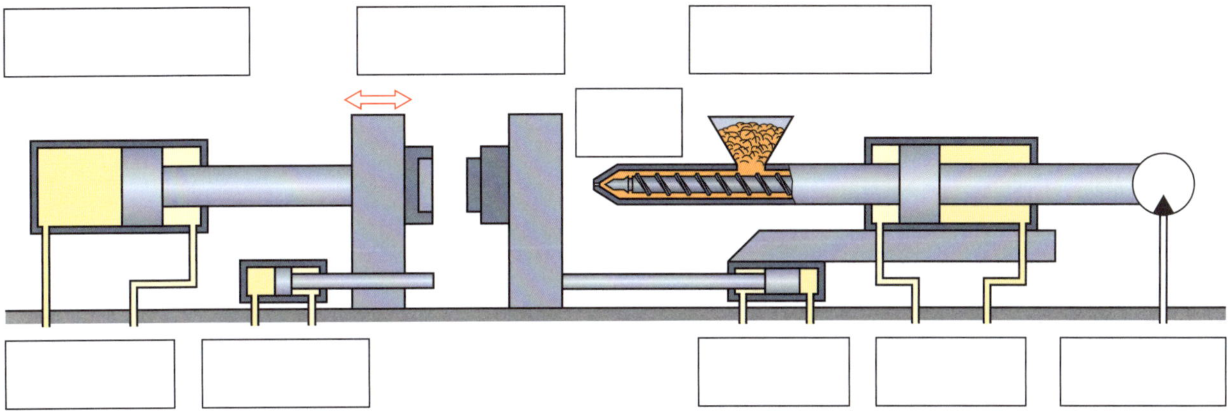

Aufgabe 2

Wodurch unterscheidet sich ein Einfach- von einem Mehrfachwerkzeug?

Aufgabe 3

Welche Art eines Spritzgießwerkzeuges ist dargestellt?

① 2-Platten-Werkzeug
② 3-Platten-Werkzeug
③ Etagen-Werkzeug
④ Isolierkanalwerkzeug
⑤ Heißkanalwerkzeug

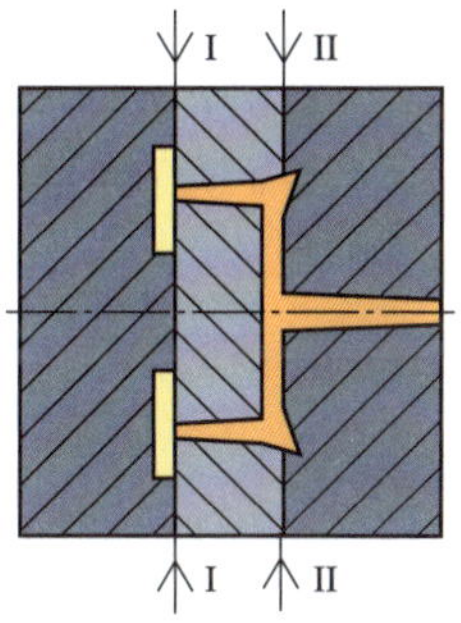

Aufgabe 4

Was versteht man unter dem Begriff Schwindung beim Spritzgießen?

Aufgabe 5

Welches Normteil eines Spritzgießwerkzeuges ist dargestellt?

① Auswerferhülse
② Angießbuchse
③ Auswerferstift
④ Führungssäule
⑤ Führungsbuchse

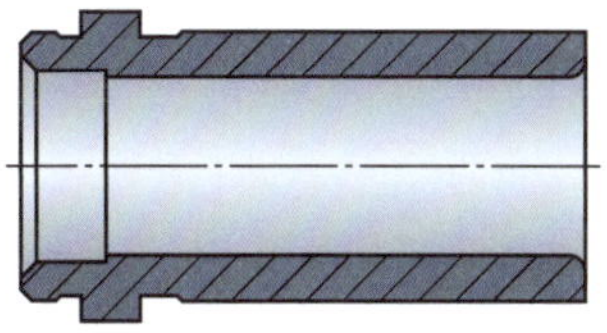

Spritzgießen

Aufgabe 1

Der Durchmesser eines ausgekühlten Spritzgießteils aus Polyamid soll d = 90 mm betragen. Wie groß muss der Durchmesser d_1 des Spritzgießwerkzeuges sein?

① d_1 = 90,00 mm

② d_1 = 92,00 mm

③ d_1 = 88,73 mm

④ d_1 = 91,30 mm

⑤ d_1 = 91,19 mm

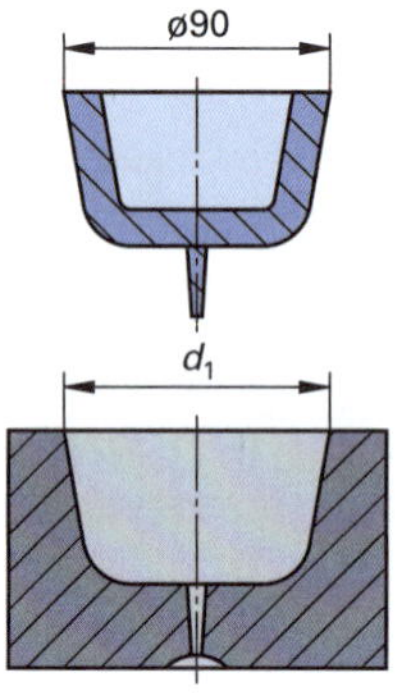

Aufgabe 2

Wodurch entsteht eine Nachschwindung bei kristallinen Kunststoffen?

Aufgabe 3

Bestimmen Sie überschlägig die Kühlzeit t_k eines Thermoplastes mit einer Werkstückdicke von s = 5 mm und einer Werkzeugtemperatur von 65 °C.

① t_k = 70,0 s

② t_k = 45,0 s

③ t_k = 80,5 s

④ t_k = 71,5 s

⑤ t_k = 55,0 s

Aufgabe 4

Berechnen Sie die Spritzmasse m_s eines Werkstückes aus Polystyrol mit einem Spritzvolumen V_s = 120 cm³.

① m_s = 126,0 g

② m_s = 105,5 g

③ m_s = 128,5 g

④ m_s = 112,3 g

⑤ m_s = 130,7 g

Aufgabe 5

Bei dem dargestellten Spritzgießvorgang wird ein Werkzeuginnendruck von p_w = 500 bar erzeugt. Wie groß ist die nötige Zuhaltekraft F_z bei einem Sicherheitsfaktor von φ = 1,4?

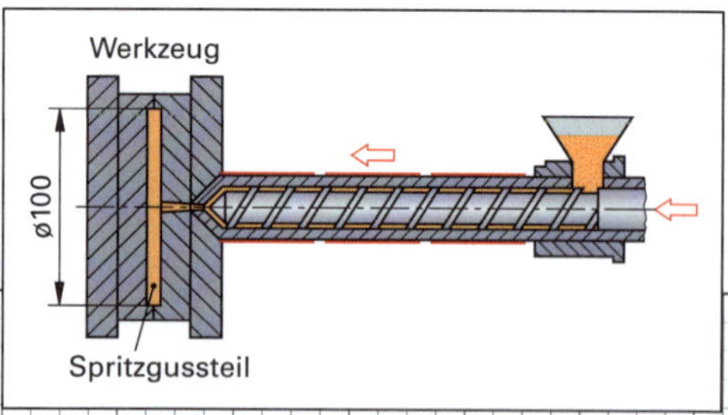

Schmelzschweißen

Aufgabe 1

Welches Schweißverfahren eignet sich gut zum Schweißen von Titan?

① Gasschmelzschweißen
② Metall-Schutzgas-Schweißen (MIG, MAG)
③ Wolfram-Inertgas-Schweißen (WIG)
④ Wolfram-Plasmaschweißen (WP)
⑤ Lichtbogenhandschweißen

Aufgabe 2

Welches Gasgemisch wird beim Gasschmelzschweißen verwendet?

① Gemisch aus Stickstoff und Argon
② Gemisch aus Wasserstoff und Aceton
③ Gemisch aus Sauerstoff und Acetylen
④ Gemisch aus Argon und Helium
⑤ Gemisch aus Wasserstoff und Sauerstoff

Aufgabe 3

a) Welches Schweißverfahren zeigt das Bild?

b) Benennen Sie die einzelnen Elemente:

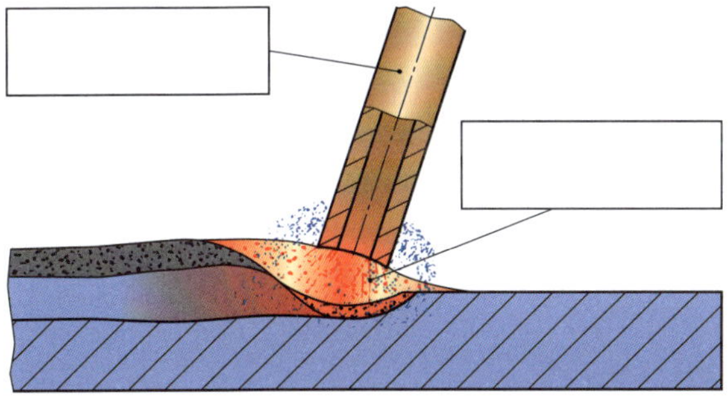

Aufgabe 4

Wie unterscheidet sich das MIG-Schutzgasschweißen vom MAG-Schutzgasschweißen?

① Beim MAG-Schweißen wird eine umhüllte Stabelektrode benutzt, beim MAG-Schweißen eine blanke Metallelektrode
② Beim MIG-Schweißen wird inertes Schutzgas verwendet, beim MAG-Schweißen aktives Schutzgas
③ Beim MIG-Schweißen ist die Wärmequelle ein Gleichstrom-Lichtbogen, beim MAG-Schweißen ein Wechselstrom-Lichtbogen
④ Beim MIG-Schweißen werden I-Nähte geschweißt, beim MAG-Schweißen A-Nähte
⑤ Beim MIG-Schweißen werden Cr-Ni-Stähle geschweißt, beim MAG-Schweißen Leichtmetalle

Aufgabe 5

Welche Informationen können der Schweißdrahtbezeichnung ISO 14341 – A – G 46 4 M21 G4Si1 entnommen werden?

Lichtbogenschweißen

Aufgabe 1

Welcher Umhüllungstyp einer Stabelektrode eignet sich zum Schweißen von dünnen Blechen?

① RR

② RA

③ RB

④ RC

⑤ B

Aufgabe 2

Was beeinflusst die Umhüllung einer Stabelektrode für das Lichtbogenschweißen?

① den Verbrauch an Elektroden

② den Energieverbrauch beim Schweißen

③ die Schweißposition

④ das Zünd- und Schweißverhalten

⑤ die chemische Zusammensetzung des Fügewerkstoffes

Aufgabe 3

Wie groß ist die Masse des Schweißzusatzes in g/m, wenn eine MAG-geschweißte Kehlnaht eine Nahtdicke $a = 8$ mm aufweist?

① $m = 140$ g/m

② $m = 390$ g/m

③ $m = 545$ g/m

④ $m = 805$ g/m

⑤ $m = 980$ g/m

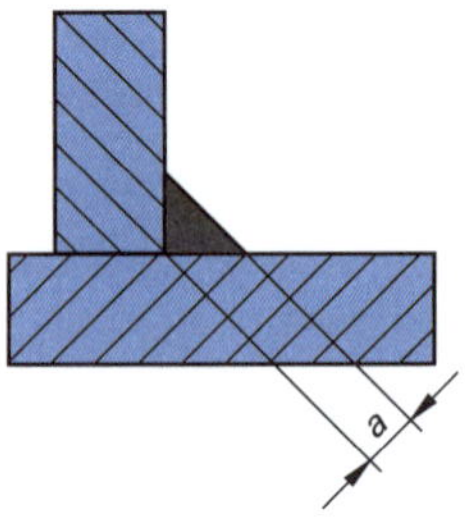

Aufgabe 4

Was bedeutet in der Stabelektrodenbezeichnung ISO 2560 – B – E 38 2 1 RA die Zahl 38?

① Länge der Elektrode 380 mm

② Durchmesser der Elektrode 3,8 mm

③ 46 J Kerbschlagbiegearbeit

④ $R_e = 380$ N/mm²

⑤ $R_m = 380$ N/mm²

Aufgabe 5

Die abgebildete V-Naht soll durch Lichtbogenschweißen hergestellt werden. Dabei beträgt die Nahtdicke $a = 10$ mm und die Spaltbreite $b = 2$ mm.

a) Welche Anzahl und welche Art von Schweißlagen ist anzufertigen?

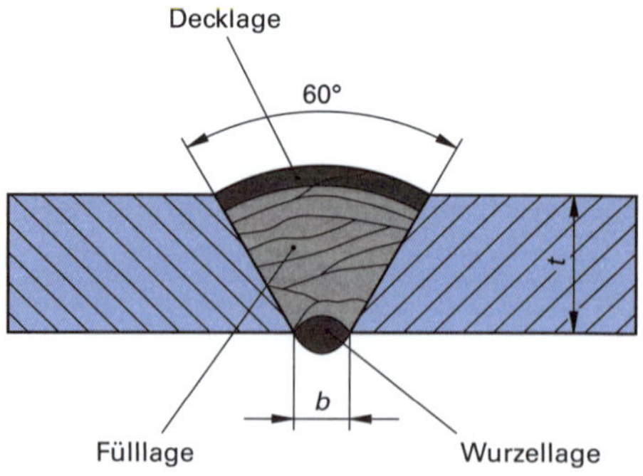

b) Welches Dokument beinhaltet alle für eine Schweißung notwendigen Angaben?

Löten und Lötverbindungen

Aufgabe 1

Welche Aussage zum Hochtemperaturlöten trifft zu?

① Es wird mit neutraler Flamme gelötet

② Als Hilfsmittel wird ein Flussmittel verwendet

③ Die Arbeitstemperatur beträgt über 900 °C

④ Es werden nur Stahlteile gefügt

⑤ Der Lotwerkstoff besteht aus Pb-Legierungen

Aufgabe 2

Zwei Kupferrohre werden mit dem Lotwerkstoff Ag 350 verbunden. Als Flussmittel wird FH10 verwendet.

a) Wie hoch ist die Arbeitstemperatur für den Lotwerkstoff?

b) Um welches Lötverfahren handelt es sich?

c) Wie lassen sich die Rückstände des Flussmittels entfernen?

Aufgabe 3

Der abgebildete Streifen aus Kupferblech, mit der Blechdicke $s = 2$ mm, wird mittels Lötverbindung durch einen identischen Streifen verlängert.

a) Skizzieren Sie eine für das Löten optimierte Verbindung. Beachten Sie dabei die Gestaltungsregeln für Lötverbindungen.

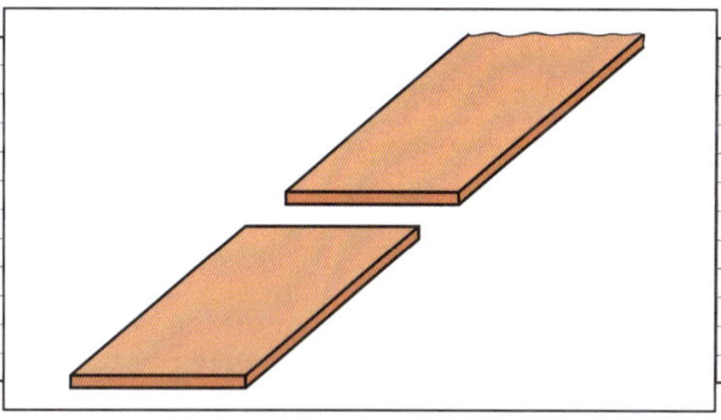

b) Wählen Sie ein geeignetes Kupferbasislot aus.

Aufgabe 4

Welches der genannten Lote hat die niedrigste Arbeitstemperatur?

① B-Cu93P-710/820

② B-Al88Si-575/585

③ Sn63Pb37Sb

④ Pb49Sn48Bi3

⑤ Sn50Pb32Cd18

Aufgabe 5

Welches Flussmittel nach DIN EN 1045 eignet sich für die Verwendung beim Hartlöten von Leichtmetallen?

① FL10

② FH12

③ FH21

④ FZ10

⑤ FS10

Kleben und Klebkonstruktionen

Aufgabe 1

Welche Aushärtezeit wird bei der Verwendung des Klebstoffes Methylmethacrylat und einer Umgebungstemperatur von 20 °C benötigt?

① 1 h

② 12 h

③ 24 h

④ 30 s

⑤ 60 s

Aufgabe 2

Welche Zugscherfestigkeit τ_B besitzt der Klebstoff Epoxidharz?

① τ_B = 6 N/mm² bis 30 N/mm²

② τ_B = 10 N/mm² bis 35 N/mm²

③ τ_B = 20 N/mm² bis 45 N/mm²

④ τ_B = 20 N/mm² bis 65 N/mm²

⑤ τ_B = 10 N/mm² bis 55 N/mm²

Aufgabe 3

Eine Rohrverbindung aus PVC-Kunststoffrohren wird gemäß der abgebildeten Zeichnung geklebt. Die maximale Betriebstemperatur beträgt 100 °C.

a) Wählen Sie einen geeigneten Klebstoff aus.

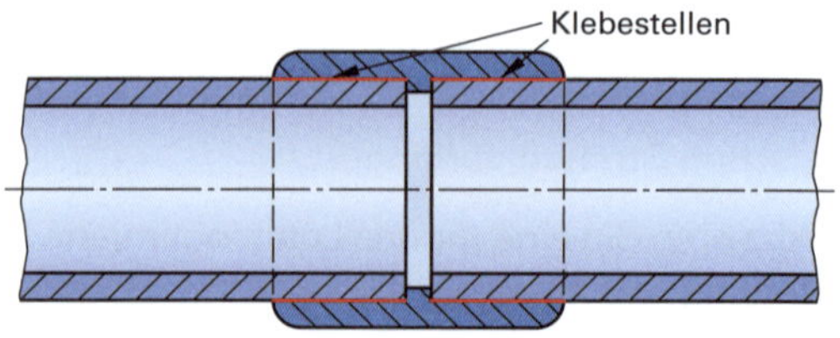

b) Warum ist die gewählte Konstruktion günstig für eine Klebverbindung?

Aufgabe 4

Welche Zugscherfestigkeit τ_B in N/mm² besitzt der Klebstoff Epoxidharz bei Überlappungsklebungen und einer Temperatur von 100 °C?

Aufgabe 5

Welches Prüfverfahren eignet sich nicht zum Prüfen einer Klebverbindung?

① Biegeschälversuch

② Zugscherversuch

③ Zugversuch

④ Kerbschlagbiegeversuch

⑤ Druckscherversuch

Additive Fertigung

Aufgabe 1

Bei welchem additiven Fertigungsverfahren wird Keramikpulver als Ausgangsmaterial mittels Laserstrahlen verklebt und verfestigt?

① Material Jetting

② Polymer Jetting

③ Fused Deposition Modeling

④ Selektives Lasersintern

⑤ Elektrodenstrahlschmelzen

Aufgabe 2

Wofür steht der Buchstabe R in den Abkürzungen RP, RT, RM und RR?

① Rolling

② Returning

③ Ripping

④ Random

⑤ Rapid

Aufgabe 3

Welchen Nachteil weist das Fertigungsverfahren Binder Jetting (BJ) auf?

① geringe Temperaturbeständigkeit

② geringe Auflösung

③ mittlere Auflösung

④ Nacharbeit

⑤ dünne Schichten

Aufgabe 4

Bei welchem Polymerwerkstoff handelt es sich um ein Amorphes Polymer?

① PA6

② Thermoplastische Polyuretane

③ PA-GF

④ PEEK

⑤ Polystyrol

Aufgabe 5

Welches additive Fertigungsverfahren ist zur Herstellung von Prototypen geeignet, deren Eigenschaften nicht denen des Endproduktes entsprechen?

① Rapid Tooling

② Rapid Prototyping

③ Rapid Manufakturing

④ Rapid Forming

⑤ Rapid Repair

Aufgabe 6

Was versteht man bei der Pulverbettfusion von Metallen und Polymeren (DIN EN ISO 52911-1) unter einem Treppenstufeneffekt?

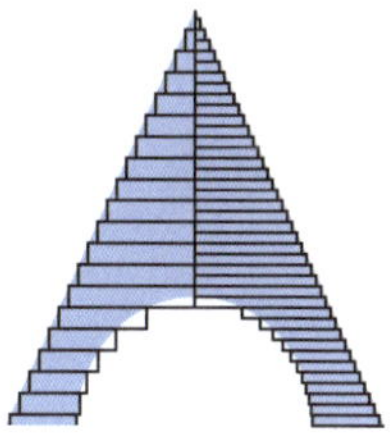

Gefahren am Arbeitsplatz

Aufgabe 1

Erläutern Sie den Begriff „Schall".

Aufgabe 2

Skizzieren Sie ein Kombinationszeichen, das auf Erste Hilfe in linker Richtung hinweist.

Aufgabe 3

In welcher Auswahlantwort sind Schallart und Schallpegel richtig zugeordnet?

	Schallart	Schallpegel
①	Atemgeräusch in 30 cm Abstand	4 dB (A)
②	Flüstern	30 dB (A)
③	Normales Sprechen in 1 m Abstand	75 dB (A)
④	Schweißbrenner, Drehmaschine	115 dB (A)
⑤	Diskomusik	120 dB (A)

Aufgabe 4

Welche Bedeutung hat das abgebildete Zeichen?

① Erste Hilfe
② Feuerlöscher
③ Löschschlauch
④ Augenspüleinrichtung
⑤ Brandmeldetelefon

Aufgabe 5

Wie hoch ist der obere Auslösewert des Tages-Lärmexpositionspegels gemäß der Lärm- und Vibrations-Arbeitsschutzverordnung?

① 75 dB(A)
② 80 dB(A)
③ 85 dB(A)
④ 90 dB(A)
⑤ 95 dB A)

Gefahren am Arbeitsplatz

Aufgabe 1

In welcher Antwort sind die Merkmale des Sinnbildes einer Sammelstelle korrekt aufgeführt?

	Form	Sinnbildfarbe	Hintergrundfarbe
①	Kreis	weiß	gelb
②	Quadrat	blau	grün
③	Kreis	weiß	grün
④	Dreieck	schwarz	rot
⑤	Quadrat	weiß	grün

Aufgabe 2

Welche Aussage trifft gemäß Lärm- und Vibrations-Arbeitsschutzverordnung zu, wenn der untere Auslösewert erreicht wird?

① Die Lärmbereiche müssen gekennzeichnet werden.

② Ein Lärmminderungsprogramm muss erstellt werden.

③ Es besteht Gehörschutzpflicht.

④ Es besteht eine Informations- und Unterweisungspflicht der Mitarbeiter über gesundheitliche Beeinträchtigungen.

⑤ Eine Vorsorgeuntersuchung muss angeboten werden.

Aufgabe 3

Welche psychischen und vegetativen Reaktionen, Hörschäden und mechanischen Schäden sind zu erwarten, wenn ein Mensch über längere Zeit dem Lärm einer Schlagbohrmaschine ausgesetzt ist?

Aufgabe 4

Geben Sie an, welche Farbe und Sicherheitsaussage der Kategorie M gemäß DIN EN ISO 7010 zuzuordnen ist.

Aufgabe 5

Bei welchem Schallpegel in dB (A) befindet sich die Gefahrgrenze für das menschliche Gehör?

① ca. 85 dB (A)

② ca. 90 dB (A)

③ ca. 95 dB (A)

④ ca. 100 dB (A)

⑤ ca. 105 dB (A)

Gefährliche Stoffe und Gase

Aufgabe 1

Welche Bedeutung hat das abgebildete Gefahren-Piktogramm?

① reizend

② krebserzeugend

③ giftig

④ ätzend

⑤ umweltgefährdend

Aufgabe 2

Bei welchem der genannten Stoffe handelt es sich um ein starkes Blutgift?

① Kohlenmonoxid

② Stickstoff

③ Trichlorethylen

④ Acetylen

⑤ Salzsäure

Aufgabe 3

In welcher Antwort sind Code für Gefahrenhinweise bzw. Sicherheitshinweise nach CLP-Verordnung (EG) Nr. 1272/2008 und Wortlaut richtig zugeordnet?

	Code	Wortlaut
①	H202	Verursacht schwere Augenschäden
②	H300	Extrem entzündbares Gas
③	H370	Giftig bei Hautkontakt
④	P244	Druckminderer frei von Gas und Öl halten
⑤	P260	Darf nicht in die Hände von Kindern gelangen

Aufgabe 4

Wobei handelt es sich nicht um eine Anforderung an die Kennzeichnung von Rohrleitungen nach DIN 2403?

① Angabe der Gruppen- und Zusatzfarbe

② Kennzeichnung muss deutlich sichtbar und dauerhaft sein

③ Angabe der Durchflussrichtung mittels dreistelligem Zahlencode

④ Angabe des Durchflussstoffes zusätzlich durch Wortangabe oder die chemische Formel

⑤ Kennzeichnungen dürfen durch Anstrich und Beschriftung, Bänder oder Schilder ausgeführt werden

Aufgabe 5

Welche Bedeutung hat ein Gefahrenpiktogramm mit dem Code GHS04 laut CLP-Verordnung (EG) Nr. 1272/2008?

① explosionsgefährlich

② gesundheitsschädlich

③ umweltgefährdend

④ komprimierte Gase

⑤ gesundheitsgefährdend

Aufgabe 6

Für welche Durchflussstoffe wird auf Rohrleitungen die Schriftfarbe schwarz/RAL 9004 verwendet?

Symbole zum Arbeitsschutz

Aufgabe 1

Welche der genannten Farben ist keine Sicherheitsfarbe nach DIN EN ISO 7010?

① rot
② gelb
③ grün
④ weiß
⑤ blau

Aufgabe 2

Welche Bedeutung hat das abgebildete Warnzeichen?

① Warnung vor giftigen Stoffen
② Warnung vor automatischem Ablauf
③ Warnung vor feuergefährlichen Stoffen
④ Warnung vor Rutschgefahr
⑤ Warnung für Lärm

Aufgabe 3

Welche geometrische Form haben Warnzeichen nach DIN EN ISO 7010?

① Rechteck 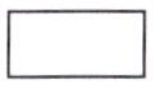
② Kreis 
③ Quadrat 
④ Dreieck 
⑤ Sechseck 

Aufgabe 4

Welches der abgebildeten Symbole verweist auf einen Brandmelder?

① 
② 
③ 
④ 
⑤ 

Aufgabe 5

Welches der dargestellten Zeichen entspricht nicht der DIN EN ISO 7010?

① 
② 
③ 
④ 
⑤ 

Aufgabe 6

Welche Bedeutung hat das abgebildete Zeichen?

① Rauchen verboten
② Zutritt für Unbefugte verboten
③ Betreten der Fläche verboten
④ Personenbeförderung verboten
⑤ für Fußgänger verboten

Grundbegriffe SRT

Aufgabe 1

In welcher Antwort ist kein Bestandteil eines Wirkungsplans von Steuerketten nach DIN IEC 60050-351 angegeben?

① Steuerstrecke
② Steuergerät
③ Stellgröße
④ Regelglied
⑤ Führungsgröße

Aufgabe 2

Was stellt das abgebildete Sinnbild dar?

① Zweipunktregler mit schaltendem Ausgang und PID-Verhalten
② Dreipunktregler mit schaltendem Ausgang
③ Aufnehmer für Stand mit Schwimmer
④ Ventilstellglied mit Motor-Antrieb
⑤ Signaleinsteller für elektrisches Signal

Aufgabe 3

Welche analoge Reglerart liegt folgender Beschreibung zugrunde: Differenzierend wirkender Regler?

① P-Regler
② D-Regler
③ I-Regler
④ PI-Regler
⑤ PID-Regler

Aufgabe 4

Skizzieren Sie das Schaltzeichen der binären Verknüpfung „ODER-NICHT" nach DIN EN 60617.

Aufgabe 5

Welche analoge (stetige) Reglerart zeigt die Blockdarstellung?

① P-Regler
② PI-Regler
③ I-Regler
④ D-Regler
⑤ PD-Regler

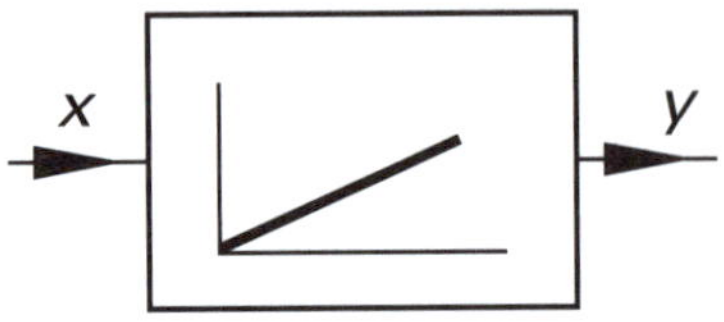

Aufgabe 6

Welche Funktion hat das abgebildete Schaltzeichen?

① UND
② NICHT
③ ODER
④ UND-NICHT
⑤ ODER-NICHT

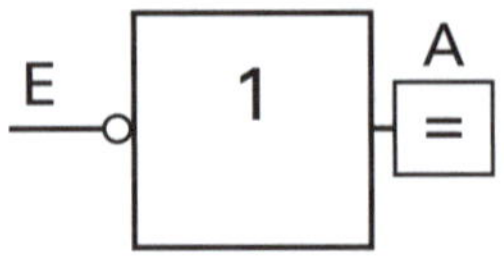

GRAFCET

Aufgabe 1

Was versteht man unter einem Funktionsplan nach GRAFCET?

Aufgabe 2

Welches Sinnbild nach GRAFCET ist dargestellt?

① Anfangsschritt

② Allgemeiner Schritt

③ Schrittvariable

④ zeitbegrenzte Transition

⑤ offene Transition

Aufgabe 3

Welche Darstellungsform von zwei Aktionen im selben Schritt ist in GRAFCET nicht gegeben?

①
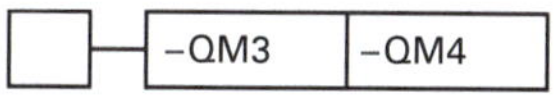

②
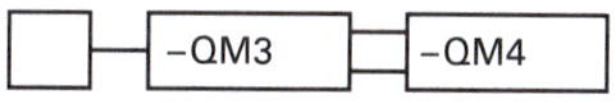

③
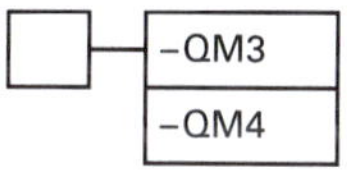

④
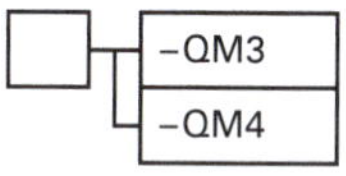

⑤
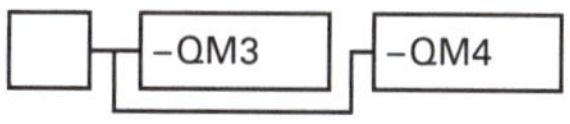

Aufgabe 4

Woraus besteht die Grundstruktur eines GRAFCET?

① Schritte, Bildzeichen, Wirkverbindungen, Transitionen

② Schritte, Aktionen, Brücken, Transitionen

③ Schritte, Aktionen, Wirkverbindungen, Transitionen

④ Ziele, Aktionen, Wirkverbindungen, Transitionen

⑤ Ziele, Aktionen, Wirkverbindungen, Brücken

Aufgabe 5

Um welche gespeichert wirkende Aktion handelt es sich bei dem abgebildeten Beispiel?

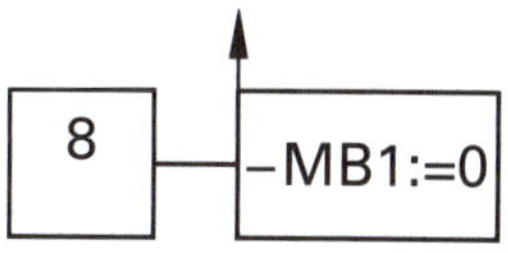

① bei Deaktivierung des Schrittes

② mit Zeitverzögerung

③ bei Ereignis

④ mit Verzögerung und Zeitbegrenzung

⑤ bei Aktivierung des Schrittes

Pneumatische Steuerung

Aufgabe 1

Ordnen Sie die Kennzeichnungen aller Bauelemente im dargestellten Schaltplan den Bauteilen eines Schaltkreises zu.

Arbeitsglieder:

Stellglieder:

Steuerglieder:

Signalglieder:

Versorgungsglieder:

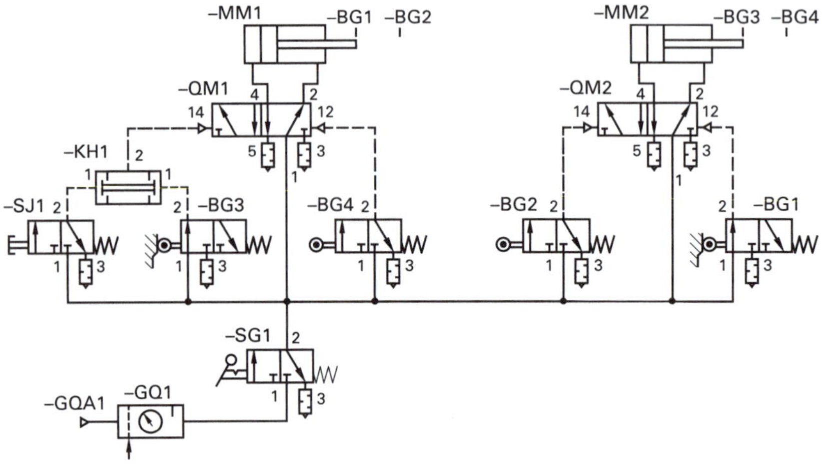

Aufgabe 2

Stellen Sie die Schrittfolge für den abgebildeten Schaltplan (Aufgabe 1) dar.

Aufgabe 3

Über welche Betätigungsart wird das abgebildete Ventil geschaltet?

① Druckknopf

② Zugknopf

③ Hebel

④ durch Pedal

⑤ Rollenstößel

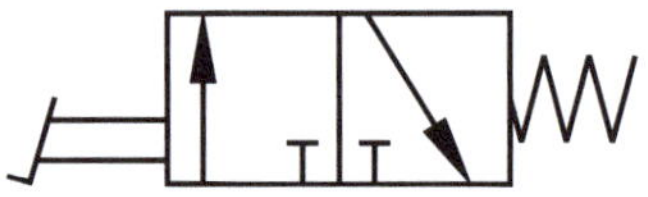

Aufgabe 4

Wofür steht die Zahl 4 am abgebildeten Ventil?

① Arbeitsanschluss

② Druckanschluss, Zufluss

③ Entlüftung, Abfluss

④ Steueranschluss

⑤ Leckölanschluss

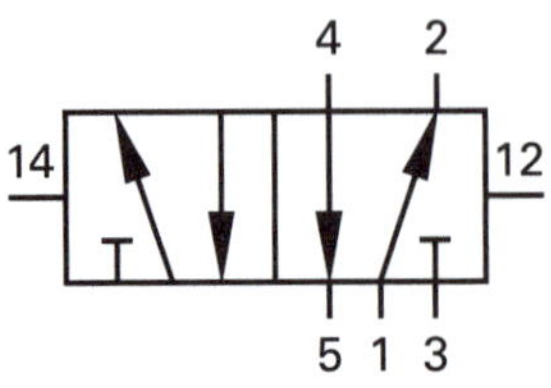

Aufgabe 5

Um welches abgebildete Bauteil handelt es sich?

① 3/2-Wegeventil

② 4/2-Wegeventil

③ 4/3-Wegeventil

④ 5/2-Wegeventil

⑤ 5/3-Wegeventil

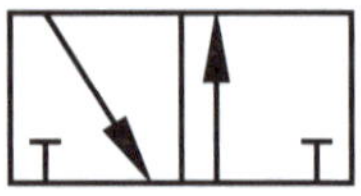

Pneumatische Steuerung

Aufgabe 1

Berechnen Sie den ungefähren Luftverbrauch eines doppelt wirkenden Zylinders. Der Durchmesser beträgt $d = 40$ mm, der Hubweg $s = 80$ mm. Im Zylinder herrscht ein Überdruck $p_e = 7$ bar, außerhalb ein Luftdruck $p_{amb} = 1$ bar. Die Hubzahl ist mit $n = 125\ \text{min}^{-1}$ angegeben.

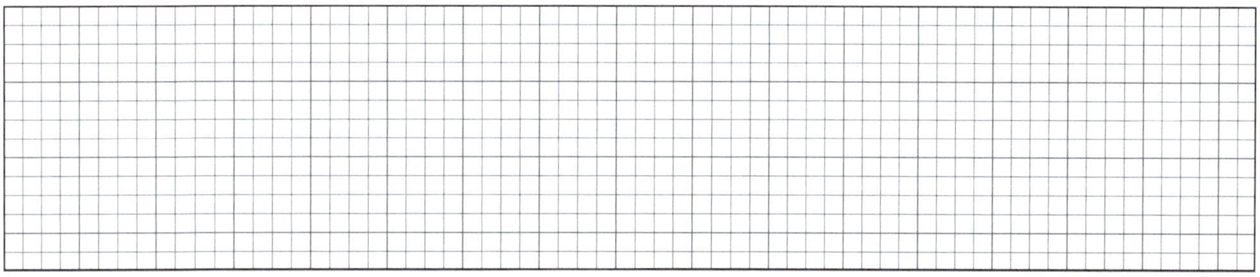

Aufgabe 2

Wofür steht der Kennbuchstabe Q (Eingangsklasse) bei der Kennzeichnung industrieller Systeme nach DIN EN 81346-2?

① Steuerung von Zugang oder Durchfluss

② Speichern für ein späteres Abrufen

③ Leiten von Ort zu Ort

④ Behandlung von Stoffen

⑤ Erfassung und Darstellung von Informationen

Aufgabe 3

Welches Schaltzeichen nach DIN ISO 1219 ist nicht korrekt dargestellt?

	Benennung	Schaltzeichen
①	Rückschlagventil, federbelastet	
②	Wartungseinheit	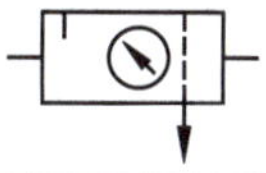
③	Einfach wirkender Zylinder. Entlüfung ohne Anschlussmöglichkeit. Rückhub durch eingebaute Feder.	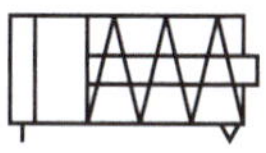
④	Zweidruckventil	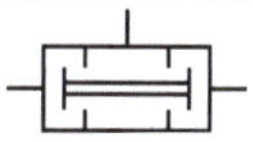
⑤	Wasserabscheider	

Aufgabe 4

Wie groß ist der Kolbenstangendurchmesser eines genormten Pneumatikzylinders bei einem Kolbendurchmesser von 63 mm?

① 12 mm

② 16 mm

③ 20 mm

④ 25 mm

⑤ 32 mm

Aufgabe 5

Skizzieren Sie die Funktionslinien im Funktionsdiagramm für folgenden Funktionsablauf:

–MM1+	–MM2+	–MM1–	–MM2–

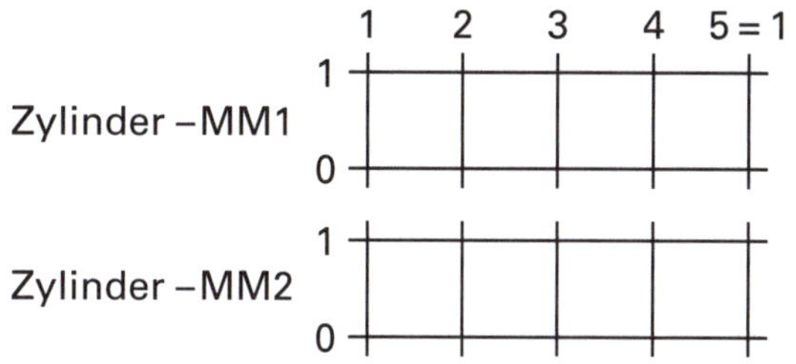

Hydraulische Steuerung

Aufgabe 1

Welche Informationen sind der Kurzbezeichnung Hydrauliköl DIN 51524 – HL 100 zu entnehmen?

____

____

____

____

Aufgabe 2

Welches Schaltzeichen nach DIN ISO 1219-1 ist dargestellt?

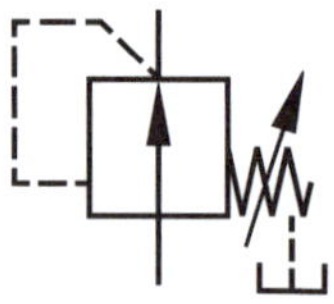

① Druckbegrenzungsventil

② Folgeventil

③ Druckschalter

④ 2-Wege-Druckreduzierventil

⑤ 3-Wege-Druckreduzierventil

Aufgabe 3

Welche Komponente verbirgt sich hinter der Benennung –GP1 gemäß der Kennzeichnung industrieller Systeme und Produkte nach DIN EN 81346-2?

① Pneumatikzylinder

② Filter, Ölfilter

③ Hydraulikaggregat

④ Ventilmagnet

⑤ Anzeigeinstrument, z. B. Manometer

Aufgabe 4

Welche Abbildung zeigt nach DIN ISO 1219-1 ein Proportional-Druckbegrenzungsventil, vorgesteuert, mit elektrischer Positionserfassung des Magneten, mit externem Steuerölablauf?

①
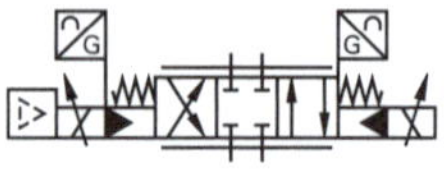

②
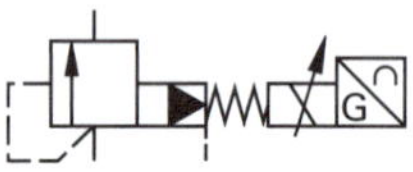

③
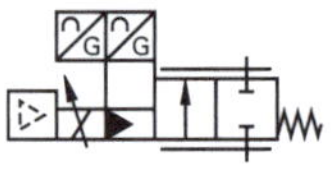

④
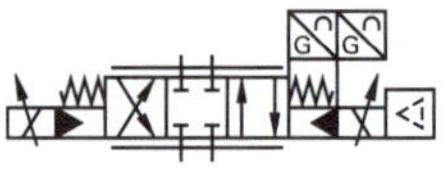

⑤
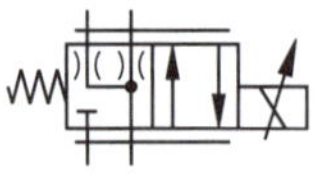

Aufgabe 5

Bei welcher der Typ-Bezeichnungen für biologisch abbaubare Hydraulikflüssigkeiten sind die Zusammensetzung und die Eigenschaft richtig zugeordnet?

	Typ	Zusammensetzung	Eigenschaft
①	HETG	Tryglyceride auf Basis pflanzlicher Öle	hohe Temperaturbeständigkeit
②	HEES	Gesättigte synthetische Ester	gute Verträglichkeit mit Dichtungen
③	HEPG	Gesättigte synthetische Ester	wasserlöslich
④	HETG	Polyglykolöle	wasserunlöslich
⑤	HEES	Tryglyceride auf Basis pflanzlicher Öle	hohe Alterungsbeständigkeit

Hydraulische Steuerung

Aufgabe 1

Welche Eigenschaften hat die schwerentflammbare Hydraulikflüssigkeit HFC?

Aufgabe 2

Eine Zahnradpumpe arbeitet mit einer mittleren Betriebstemperatur von 30 °C. Während des Betriebes darf die zulässige kinematische Viskosität des Hydrauliköls zwischen 50 bis 70 mm^2/s schwanken. Welches sind geeignete Hydrauliköle?

① HL 32/HLP 32

② HL 100/HLP 100

③ HL 10/HLP 10

④ HL 22/HLP 22

⑤ HL 68/HLP 68

Aufgabe 3

Der Wirkungsgrad des skizzierten Hydrozylinders beträgt η = 0,88, der Überdruck p_e = 55 bar und die Kolbengeschwindigkeit beim Einfahren v = 11,75 m/min.

a) Wie groß ist beim Ausfahren die wirksame Kolbenkraft F_A in kN?

b) Wie groß ist der Volumenstrom Q in l/min beim Einfahren des Kolbens?

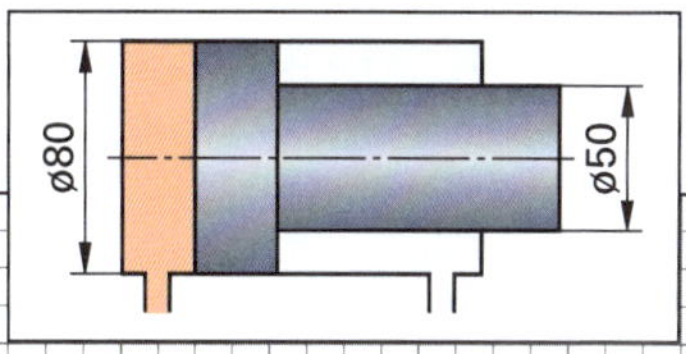

Aufgabe 4

Welchen Durchflussquerschnitt A besitzt das Rohr HPL-E355-NBK-28 x 1,5?

① A = 4,52 cm^2

② A = 4,91 cm^2

③ A = 5,31 cm^2

④ A = 6,16 cm^2

⑤ A = 7,07 cm^2

Aufgabe 5

Wie groß ist die abgegebene Leistung P am Pumpenausgang bei einem Volumenstrom Q = 30 l/min und einem Überdruck p_e = 178 bar?

① P = 9,9 kW

② P = 8,2 kW

③ P = 9,5 kW

④ P = 7,7 kW

⑤ P = 8,9 kW

Hydraulikpumpen

Aufgabe 1

Welche Hydraulikpumpe ist im Bild dargestellt?

① Flügelzellenpumpe

② Zahnradpumpe

③ Axialkolbenpumpe

④ Schraubenpumpe

⑤ Radialkolbenpumpe

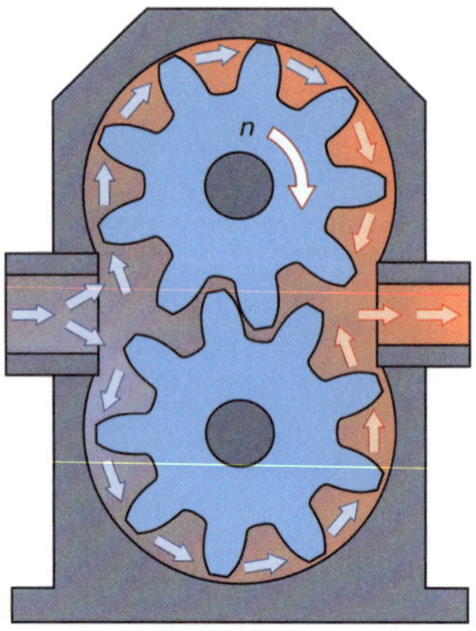

Aufgabe 2

Für eine Flügelzellenpumpe sind ein geometrisches Volumen V_g = 11,5 cm³, eine Drehzahl n = 1380 1/min und ein Wirkungsgrad η = 88 % angegeben. Wie groß ist der Volumenstrom Q?

① Q = 10,7 l/min

② Q = 11,9 l/min

③ Q = 14,0 l/min

④ Q = 16,5 l/min

⑤ Q = 17,2 l/min

Aufgabe 3

Welcher Wirkungsgrad η wird für die Berechnung des Volumenstromes einer Flügelzellenpumpe empfohlen, falls dieser nicht bekannt ist?

① 0,80

② 0,85

③ 0,90

④ 0,95

⑤ 1

Aufgabe 4

Wie groß ist das geometrische Volumen V_g einer Radialkolbenpumpe mit sechs Zylindern, dem Kolbendurchmesser d = 45 mm und einer Exzentrizität e = 7,8 mm?

① V_g = 98,5 cm³

② V_g = 104,9 cm³

③ V_g = 127,1 cm³

④ V_g = 148,9 cm³

⑤ V_g = 181,8 cm³

Aufgabe 5

Wie lautet die Formel zur Berechnung des geometrischen Volumens V_g für eine Axialkolbenpumpe mit Schräg- bzw. Taumelscheibe?

Elektrotechnische Schaltungen

Aufgabe 1

Um welches Element handelt es sich beim dargestellten Schaltzeichen nach DIN EN 60617?

① Widerstand allgemein

② Schutzleiteranschluss

③ Neutralleiter, PN

④ Kondensator

⑤ Induktivität, Spule

Aufgabe 2

Skizzieren Sie einen magnetischen Näherungsschalter mit Schließerkontakt, der auf Annäherung magnetischer Stoffe reagiert.

Aufgabe 3

Welche Informationen sind folgender Bezeichnung für Schutzarten elektrischer Betriebsmittel nach DIN EN 60529 zu entnehmen: IP45CS?

Aufgabe 4

Mit welcher Farbe ist ein Schutzleiter gemäß DIN EN 60445 gekennzeichnet?

① braun

② schwarz

③ grün-gelb

④ hellblau

⑤ schwarz-braun

Aufgabe 5

Welcher Schaltabstand ist einem Ultraschall-Sensor zuzuordnen?

① 1 mm – 180 mm

② 20 mm – 30 m

③ 40 mm – 3,5 m

④ 0,1 mm – 25 mm

⑤ 40 mm – 60 m

Elektrotechnische Schaltungen

Aufgabe 1

Welche körperlichen Auswirkungen hat ein Wechselstromunfall (50 Hz) bei einer erwachsenen Person unter folgenden Gegebenheiten: Körperstrom = 100 mA; Durchströmungsdauer = 1000 ms; der Strom fließt durch die Hand zum Fuß?

① normalerweise keine Wirkung

② meist kein organischer Schaden, Atemschwierigkeiten (> 2 s), Muskelkrämpfe

③ 5-prozentige Wahrscheinlichkeit von Herzkammerflimmern

④ bis 50-prozentige Wahrscheinlichkeit von Herzkammerflimmern

⑤ Herzstillstand, Atemstillstand und schwere Verbrennungen

Aufgabe 2

Welche Aussage zur Gestaltung von Stromlaufplänen nach DIN EN 61082 ist falsch?

① Die Strompfade werden von links nach rechts durchnummeriert.

② Jedes elektrische Betriebsmittel erhält einen waagerechten Strompfad ohne Rücksicht auf die räumliche Anordnung der Elemente.

③ Der Steuerstromkreis enthält die Geräte für die Signaleingabe und die Signalverarbeitung.

④ Die räumliche Zusammengehörigkeit z. B. von Relaisspule und Relaiskontakt wird nicht dargestellt.

⑤ Der Hauptstromkreis enthält die für die Betätigung der Arbeitsglieder erforderlichen Stellglieder.

Aufgabe 3

Eine Cu-Leitung wurde verlegt (s. Bild). Der Nennstrom der Sicherung beträgt I_n = 10 A.

a) Welche Verlegeart von Kabeln und isolierten Leitungen nach DIN VDE 0298-4 ist im Bild dargestellt (Kurzzeichen und Erläuterung)?

b) Wie groß ist der Mindestquerschnitt in mm² dieser Leitung (DIN VDE 0298-4)?

c) Welche Kennfarbe der Sicherung ist vorgesehen (DIN VDE 0298-4)?

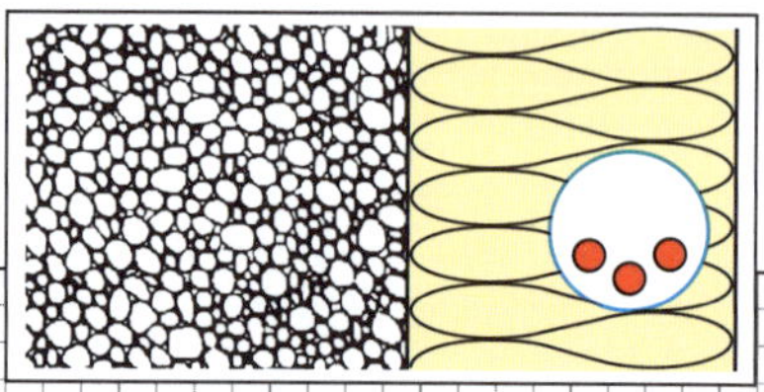

Aufgabe 4

Welchem Schaltkontakt ist nach DIN EN 61082 die Funktionsziffer nicht korrekt zugeordnet?

① Öffner: 1, 2

② Schließer: 3, 4

③ Wechsler: 1, 2, 4

④ Schließer verzögert: 5, 6

⑤ Wechsler verzögert: 5, 6, 8

Aufgabe 5

Wobei handelt es sich um einen berührungsempfindlichen Sensor?

① Foto-elektrischer Sensor

② Induktiver Sensor

③ Magnetischer Sensor

④ Kapazitiver Sensor

⑤ Grenztaster

SPS-Steuerung

Aufgabe 1

Wobei handelt es sich nicht um eine SPS-Programmiersprache nach DIN EN 61131?

① Anweisungsliste AWL

② Funktionsbaustein-Plan FBP

③ Kontaktplan KOP

④ Strukturierter Text ST

⑤ Funktionsbaustein-Sprache FBS

Aufgabe 2

Welche Funktion hat der Funktionsbaustein in der Abbildung?

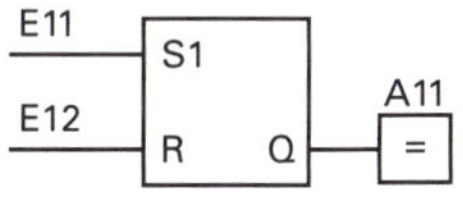

① UND vor ODER

② Einschaltverzögerung

③ RS-Flipflop Rücksetzen dominant

④ Exclusiv ODER (XOR)

⑤ RS-Flipflop Setzen dominat

Aufgabe 3

In welcher Auswahlantwort ist das Begrenzungszeichen der SPS-Sprache dem Gebrauch richtig zugeordnet?

	Zeichen	Gebrauch
①	:=	Initialisierungsoperator, Zuweisungsoperator (ST)
②	#	Anfang und Ende von Zeichenfolgen
③	,	Basiszahl- und Zeitliteral-Trennzeichen
④	(**)	Direkt-Darstellungs-Präfix
⑤	%	Anfang von Sonderzeichen in Folgen

Aufgabe 4

Welche Möglichkeiten gibt es in der Funktionsbaustein-Sprache (FBS) nach DIN EN 61131, die Negation von boolschen Signalen darzustellen?

Aufgabe 5

Für welchen Anweisungstyp steht bei einem Strukturierten Text (ST) die WHILE-Anweisung?

① Bedingte Anweisung

② Wiederholungsanweisung

③ Auswahlanweisung

④ Verlassen einer Wiederholungsanweisung

⑤ Zuweisung

Aufgabe 6

Übersetzen Sie die dargestellte Funktionsbaustein-Sprache (FBS/FUP) gemäß DIN EN 61131 in die Programmiersprache Strukturierter Text (ST).

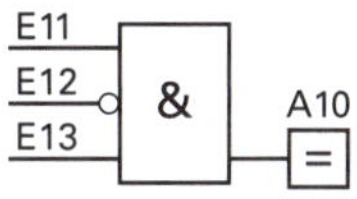

SPS-Steuerung

Aufgabe 1

Im Bild ist ein Symbol der Funktionsbaustein-Sprache (FBS/FUP) zu sehen. Woraus besteht diese grafische Sprache nach DIN EN 61131?

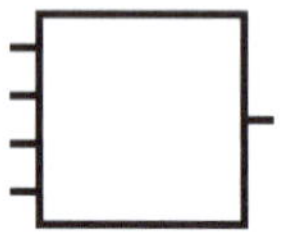

Aufgabe 2

Für welchen Datentyp steht bei der Ablaufsteuerung mit parametrierten Bausteinen das Präfix „ton"?

① Real (Zahl mit Nachkommastellen)

② Funktionsbaustein

③ Einschaltverzögerung (Timerinstanz)

④ TIME, z. B. in s oder ms

⑤ Integer (ganze Zahl)

Aufgabe 3

Aus welchen Elementen besteht ein strukturierter Text ST nach DIN EN 61131?

① Kontaktmarke, Zuweisungs-Operator, Variable

② Kontaktmarke, Variable, Operand

③ Operand, Zuweisungs-Operator, Kontaktmarke

④ Operand, Variable, Zuweisungs-Operator

⑤ Variable, Zuweisungs-Operator, Zeitmarke

Aufgabe 4

Welcher elementare Datentyp ist dem Schlüsselwort DINT in der SPS-Sprache zuzuordnen?

① lange ganze Zahl

② kurze ganze Zahl

③ ganze Zahl

④ doppelte ganze Zahl

⑤ reelle Zahl

Aufgabe 5

Erstellen Sie für das folgende als Strukturierter Text (ST) verfasste Programm die entsprechende Darstellung in Funktionsbaustein-Sprache (FBS) nach DIN EN 61131:

A10:=(E11 AND NOT E12 AND E13 AND E14) OR (NOT E11 AND E12 AND E13 AND E14) OR (E15 OR E16);

Technische Kommunikation – Bohrvorrichtung

Mit der vereinfacht dargestellten Vorrichtung wird eine 4-mm-Bohrung in ein Werkstück gebohrt. Zum Einlegen des Werkstücks wird die Bohrplatte (3) am Handgriff (4) hochgeklappt. Dann wird das Werkstück in der Werkstückaufnahme (2) zentriert und durch das Herunterdrücken der Bohrplatte (3) festgespannt. Durch eine genormte Bohrbuchse (5) wird dann eine Bohrung an die geforderte Stelle im Werkstück gebohrt. Danach wird der Handgriff (4) hochgeklappt und das Werkstück kann entnommen werden.

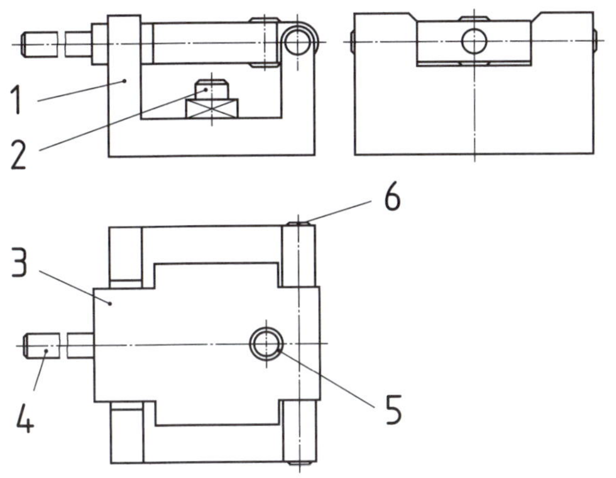

Position	Menge	Benennung	Werkstoff/Normkurzbezeichnung	Bemerkung
6	1	Zylinderstift	ISO 2338 - 6m6×60	
5	1	Bohrbuchse	DIN 179 - A4×12	
4	1	Handgriff	9520K	
3	1	Bohrplatte	S235JR	
2	1	Werkstückaufnahme	S235JR	
1	1	Grundkörper	S235JR	

Verantwortl. Abtlg.	Technische Referenz	Erstellt durch	Genehmigt von	
K53	Manuela Berg	Christiane Meyer	Wolfgang Schmidt	DIN ISO 2768-m
		Dokumentenart: Zusammenbauzeichnung	Dokumentenstatus: freigegeben	
		Bohrvorrichtung	030569-151070	
			Änd. / Ausgabedatum / Spr.	Blatt 1/1

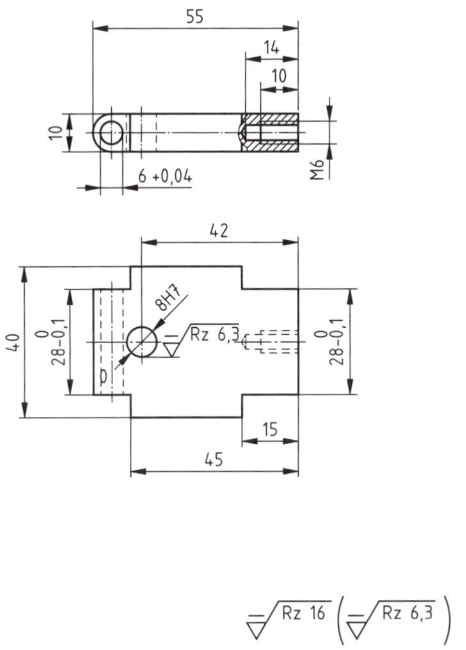

Verantwortl. Abtlg.	Technische Referenz	Erstellt durch	Genehmigt von	
K53	Manuela Berg	Christiane Meyer	Wolfgang Schmidt	DIN ISO 2768-m
		Dokumentenart: Einzelteilzeichnung	Dokumentenstatus: freigegeben	
		Bohrplatte	13042002-25899	
			Änd. / Ausgabedatum / Spr.	Blatt 1/1

Die folgenden Aufgaben 1 bis 8 beziehen sich auf die Zeichnung „Bohrvorrichtung“ bzw. „Bohrplatte“. Die Aufgaben sind unabhängig voneinander lösbar.

Aufgabe 1

Nach welcher Projektionsmethode ist die dargestellte Baugruppenzeichnung abgebildet?

① Pfeilmethode

② Isometrische Projektion

③ Projektionsmethode 1

④ Projektionsmethode 3

⑤ Dimetrische Projektion

Aufgabe 2

Wodurch ist eine aufgesetzte Konstruktionsstückliste gekennzeichnet?

Technische Kommunikation – Bohrvorrichtung

Aufgabe 3

Was bedeutet folgende Angabe in der Einzelteilzeichnung der Bohrplatte?

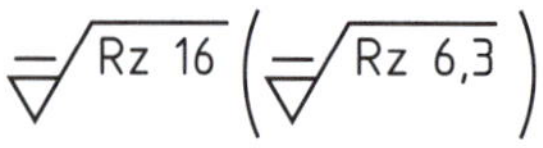

Aufgabe 4

Mit welcher Schnittart ist in der Vorderansicht der Bohrplatte das Gewinde M6 dargestellt?

① Schnitt

② Halbschnitt

③ Teilschnitt

④ Abschnitt

⑤ Gewindeschnitt

Aufgabe 5

In welcher Linienart müssen in der Vorderansicht der Bohrplatte die Außenkanten der Bohrung 8 H7 nach DIN EN ISO 128-2 dargestellt werden?

① Breite Volllinie

② Schmale Volllinie

③ Schmale Strichlinie

④ Strich-Punktlinie, schmal

⑤ Strich-Zweipunktlinie, schmal

Aufgabe 6

Der Zylinderstift (Pos. 6) wird in eine Bohrung ø6 H7 montiert.

a) Welche Passungsart entsteht dabei?

b) Wie groß ist das Höchstspiel P_{SH}?

c) Wie groß ist das Höchstübermaß $P_{ÜH}$?

Aufgabe 7

Welches Höchstmaß darf das Maß 45 der Bohrplatte maximal haben?

① 45,00 mm

② 45,05 mm

③ 45,15 mm

④ 45,20 mm

⑤ 45,30 mm

Aufgabe 8

Skizzieren Sie eine vereinfachte Darstellung des Gewindes M6 in der Vorderansicht.

Technische Kommunikation – Gewindebolzen

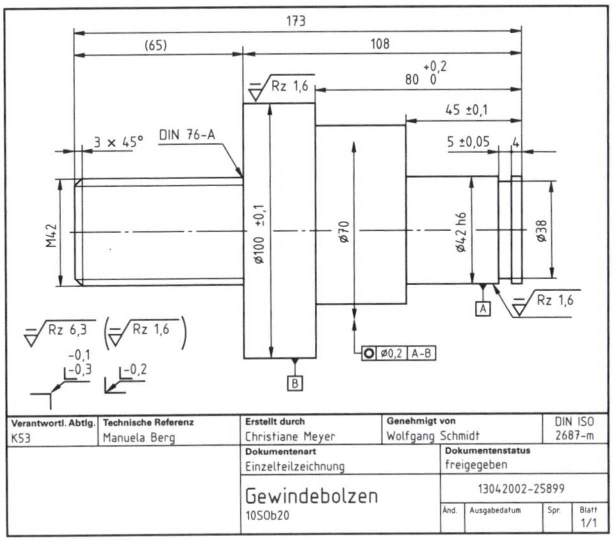

Projektbeschreibung

Auf einer konventionellen Drehmaschine ist ein Gewindebolzen aus Automatenstahl anzufertigen. Als Grundlage hierfür steht dem Zerspanungsmechaniker die Zeichnung zur Verfügung.

Die folgenden Aufgaben 1 bis 10 beziehen sich auf den dargestellten Gewindebolzen. Die Aufgaben sind unabhängig voneinander lösbar.

Aufgabe 1

Welche Bedeutung hat diese Zeichnungsangabe?

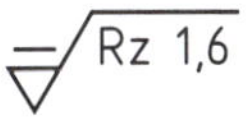

Aufgabe 2

Welche Grenzabmaße hat das Passmaß ⌀42 h6?

① 0 mm/–0,16 mm

② 0 mm/–0,016 mm

③ 42 mm/42,16 mm

④ 42 mm/42,016 mm

⑤ –0,016 mm/+0,016 mm

Aufgabe 3

In welcher Linienart muss die Mittellinie nach DIN ISO 128-24 gezeichnet werden?

① Volllinie, schmal

② Strichlinie, schmal

③ Strichlinie, breit

④ Strich-Punktlinie, schmal

⑤ Strich-Zweipunktlinie, schmal

Aufgabe 4

Welche Gewindebezeichnung hat nach DIN 202 das Gewinde M42?

① Metrisches ISO-Gewinde

② Metrisches ISO-Feingewinde

③ Metrisches kegeliges Außengewinde

④ Metrisches ISO-Trapezgewinde

⑤ Zylindrisches Rundgewinde

Technische Kommunikation – Gewindebolzen

Aufgabe 5

Warum ist das Maß 65 eingeklammert?

① Das Maß ist ein Hilfsmaß

② Das Maß ist ein Prüfmaß

③ Das Maß ist ein Funktionsmaß

④ Das Maß ist ein Sondermaß

⑤ Das Maß ist ein unwichtiges Maß

Aufgabe 6

Der Bolzen soll aus 10SPb20 gefertigt werden.

a) Zu welcher Stahlsorte gehört dieser Werkstoff?

b) Welche chemische Zusammensetzung besitzt dieser Stahl?

Aufgabe 7

Welche Bedeutung hat die Zeichnungsangabe?

◎	⌀0,2	A-B

Aufgabe 8

Welche Steigung *P* hat das Gewinde M42?

① $P = 4{,}00$ mm

② $P = 4{,}20$ mm

③ $P = 4{,}50$ mm

④ $P = 5{,}00$ mm

⑤ $P = 5{,}20$ mm

Aufgabe 9

Welchen Radius *r* besitzt der Gewindefreistich?

① $r = 1{,}0$ mm

② $r = 1{,}5$ mm

③ $r = 2{,}0$ mm

④ $r = 2{,}5$ mm

⑤ $r = 3{,}0$ mm

Aufgabe 10

Für welche Maße gilt die Allgemeintoleranz DIN ISO 2768 - m?

① Für alle Zeichnungsmaße

② Für alle Maße, die nur positiv toleriert sind

③ Für alle Maße, die nur negativ toleriert sind

④ Für alle Maße ohne einzelne Toleranzeintragung

⑤ Für Funktionsmaße

Festigkeitsberechnung

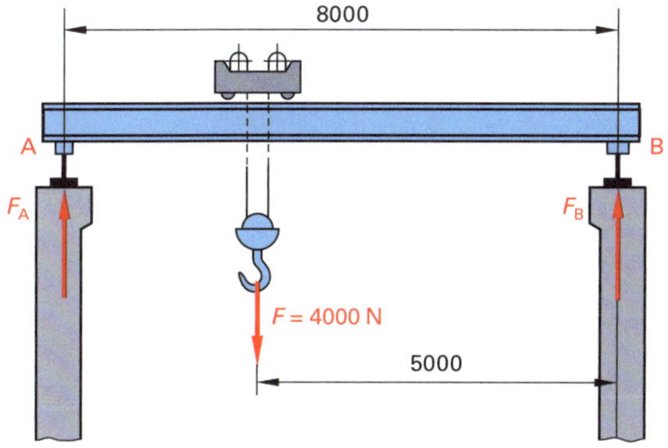

Projektbeschreibung

In einer Produktionshalle wird der abgebildete Kran mit einem Walzprofilträger (DIN 1025 S235JR – IPB400) zum Heben und Senken von Bauteilen genutzt.

Die folgenden Aufgaben 1 bis 7 beziehen sich auf den abgebildeten Kran. Die Aufgaben sind unabhängig voneinander lösbar.

Aufgabe 1

Wie groß sind die Lagerkräfte F_A und F_B beim Anheben eines 400 kg schweren Bauteils in der dargestellten Position, wenn das Gewicht des Trägers unberücksichtigt bleibt?

Aufgabe 2

Der Kran ist in den Lagerpunkten jeweils über eine quadratische Auflagefläche (Kantenlänge l = 60 mm) mit den Stahlbetonsäulen verbunden.

Wie groß ist die auftretende Flächenpressung p am Lager A, wenn die Auflagekraft F_A = 10 000 N beträgt?

① $p = 1{,}25$ N/mm²

② $p = 2{,}00$ N/mm²

③ $p = 2{,}55$ N/mm²

④ $p = 2{,}77$ N/mm²

⑤ $p = 3{,}22$ N/mm²

Aufgabe 3

Wie groß ist die maximale horizontale Längenausdehnung Δl des Trägers zwischen den Auflagepunkten, wenn die Temperatur in der Produktionshalle zwischen 10 °C und 35 °C schwankt?

① $\Delta l = 0{,}32$ mm

② $\Delta l = 0{,}64$ mm

③ $\Delta l = 2{,}38$ mm

④ $\Delta l = 6{,}44$ mm

⑤ $\Delta l = 32{,}2$ mm

Festigkeitsberechnung

Aufgabe 4

Welche Masse m besitzt der Walzprofilträger mit einer Gesamtlänge $l = 8400$ mm?

① $m = 1002$ kg

② $m = 1102$ kg

③ $m = 1202$ kg

④ $m = 1302$ kg

⑤ $m = 1402$ kg

Aufgabe 5

Welcher Belastungsfall tritt im Drahtseil des Kranes beim Hochziehen der Last auf?

① statisch ruhend

② statisch wankend

③ dynamisch schwellend

④ dynamisch wechselnd

⑤ dynamisch oszillierend

Aufgabe 6

a) Das Drahtseil besteht aus 7 Litzen mit je 7 Drähten von 1,0 mm Durchmesser.
Wie groß ist die Zugspannung σ_z im Drahtseil, wenn die Last $m = 800$ kg angehoben wird?
Das Eigengewicht des Drahtseiles ist zu vernachlässigen.

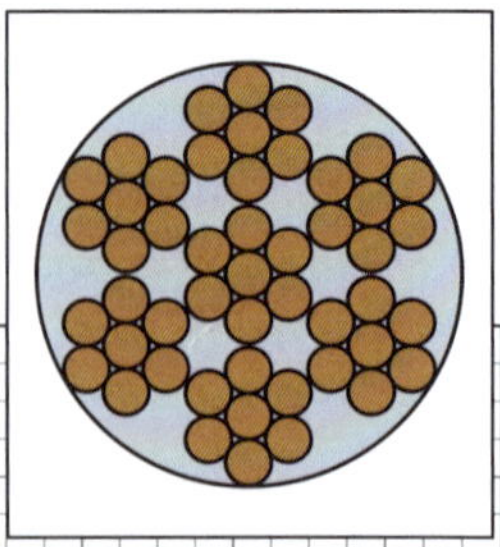

b) Welche Sicherheit ν ist beim Anheben einer Last von 800 kg vorhanden, wenn die maximale Belastung des Drahtseiles 15 kN betragen darf?

Qualitätsanalyse – Statistische Auswertung

Auf einer Fräsmaschine werden 1000 Stück Griffhalter gefertigt. Der Prozess wird für das Maß $d = 20$ H7 statistisch überwacht. Während der Früh- und Spätschicht erstellt ein Mitarbeiter der QS-Abteilung die abgebildete Urwertliste.

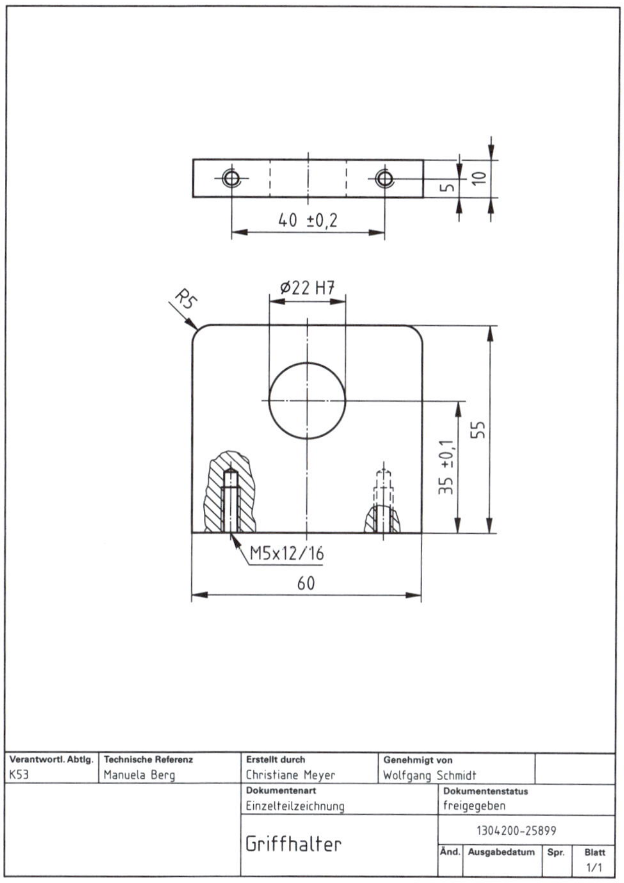

Prüfauftrag:		**B168**	Seite: 1	
Teil: **168**	Bezeichnung: **Griffhalter**		Datum:	
			Losgröße:	1000 Stk.
Prüfung erfolgt merkmalsbezogen				
Alle Maße in mm max. Stichprobe 5 Stk.			Prüfmittel:	3 Punkt Innenmessschraube Messbereich: 20 – 25 mm
			Prüfmittelnr.:	132 – 158
Urliste:				
	Zeit			
	08:00	10:00	12:00	14:00
1	22,017	22,013	22,011	22,007
2	22,008	22,020	22,014	22,009
3	22,013	22,018	22,010	22,016
4	22,010	22,013	22,017	22,010
5	22,014	22,009	22,012	22,013
Unterschrift:				
	Zeit			
	16:00	18:00	20:00	22:00
1	22,021	22,022	22,024	22,008
2	22,023	22,018	22,020	22,017
3	22,016	22,017	22,014	22,010
4	22,011	22,020	22,022	22,011
5	22,018	22,019	22,018	22,010
Unterschrift:				

Die folgenden Aufgabe 1 bis 6 beziehen sich auf die Zeichnung „Griffhalter" und die abgebildete Urwertliste. Die Aufgaben sind unabhängig voneinander lösbar.

Aufgabe 1

Was wird in einer Urliste dokumentiert?

Aufgabe 2

Die Standardabweichung wurde für diese Fertigungscharge mit einer QM-Software ermittelt. Welche Aussage liefert der Wert?

① Sie gibt den oberen Wert an, bei dem man eingreifen sollte.

② Sie gibt den unteren Wert an, bei dem man eingreifen sollte.

③ Sie gibt die maximale Abweichung an.

④ Sie gibt die minimale Abweichung an.

⑤ Die Standardabweichung kennzeichnet das Abweichverhalten vom Mittelwert.

Qualitätsanalyse – Statistische Auswertung

Aufgabe 3

Bestimmen Sie den arithmetischen Mittelwert $\bar{x}$ der abgebildeten Urliste.

Aufgabe 4

Berechnen Sie die Spannweite R der Messwerte.

Aufgabe 5

Zeichnen Sie ein Histogramm. Bestimmen Sie dazu die Anzahl der Klassen k, die Klassenweite w und die relative Häufigkeit h_j.

Aufgabe 6

Skizzieren und interpretieren Sie den Prozessverlauf aus einer $\bar{x}$-Spur.

Baugruppenmontage – Exzenterpresse

Mithilfe der vereinfacht dargestellten Exzenterpresse werden Blechstreifen abgewinkelt. Die Blechstreifen werden auf der Matrize (Pos. 15) positioniert und der Hebel (Pos. 14) von der Stellung a in die Stellung b gezogen. Dabei wird der Stempel (Pos. 9) nach unten gedrückt und biegt den Blechstrefen in die gewünschte Form. Die Stückliste ist gekürzt dargestellt.

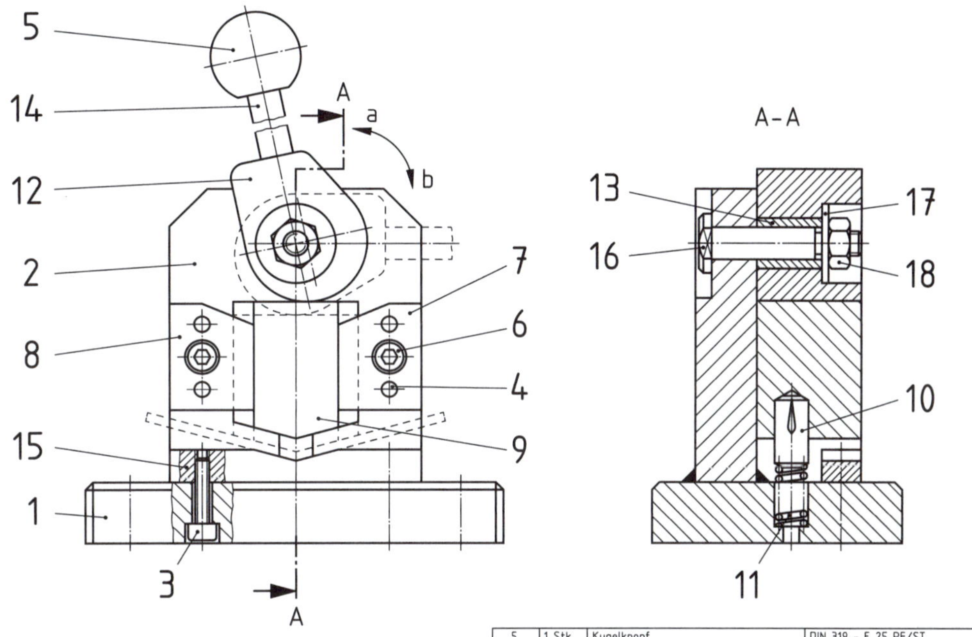

5	1 Stk.	Kugelknopf	DIN 319 – E 25 PF/ST	
4			ISO 2338 – 4m6x30	
3		Zylinderschraube	DIN EN ISO 4762 – M4x16-8.8	
2	1 Stk.	Platte		S235JR
1	1 Stk.	Grundplatte		S235JR
Position	**Menge**	**Benennung**	**Werkstoff/Normkurzbezeichnung**	**Bemerkung**

Verantwortl. Abtlg.	**Technische Referenz**	**Erstellt durch**	**Genehmigt von**
K53	Manuela Berg	Christiane Meyer	Wolfgang Schmidt

Dokumentenart Zusammenbauzeichnung	**Dokumentenstatus** freigegeben	
Exzenterpresse	030569-151070	
	Änd. | **Ausgabedatum** | **Spr.**	**Blatt** 1/1

Die folgenden Aufgaben 1 bis 7 beziehen sich auf die Zeichnung „Exzenterpresse“ und sind unabhängig voneinander lösbar.

Aufgabe 1

Die Kehlnähte werden mithilfe des MAG-Schweißverfahrens mit Massivdrahtelektrode hergestellt, die Nahtdicke beträgt 4 mm. Skizzieren Sie die sinnbildliche Nahtkennzeichnung.

Aufgabe 2

Erläutern Sie, ob sich zur Erstellung der Kehlnaht auch das MIG-Schweißverfahren eignet?

Baugruppenmontage – Exzenterpresse

Aufgabe 3

Die Platte (Pos. 2) wird mit der Grundplatte (Pos. 1) verschweißt. Welche Schweißposition liegt nach DIN EN ISO 6947 vor?

① Wannenposition

② Überkopfposition

③ Fallposition

④ Horizontalposition

⑤ Steigposition

Aufgabe 4

Wie lautet die Benennung für Pos. 4 und welche Mengenangaben müssen für Pos. 3 und Pos. 4 in der Stückliste stehen?

Aufgabe 5

Wie groß ist die Schlüsselweite der Zylinderschraube Pos. 3?

① $SW = 2$ mm

② $SW = 2{,}5$ mm

③ $SW = 3$ mm

④ $SW = 4$ mm

⑤ $SW = 5$ mm

Aufgabe 6

Bei welchen Bauteilen aus der Stückliste handelt es sich ausschließlich um Normteile?

① Pos. 1, 2 und 3

② Pos. 1, 3 und 5

③ Pos. 2, 3 und 5

④ Pos. 2, 4 und 5

⑤ Pos. 3, 4 und 5

Aufgabe 7

Begründen Sie, ob der Kugelknopf (Pos. 5) gegen einen Kugelknopf DIN 319 – L 25 PF getauscht werden kann.

Herstellung eines Bolzens

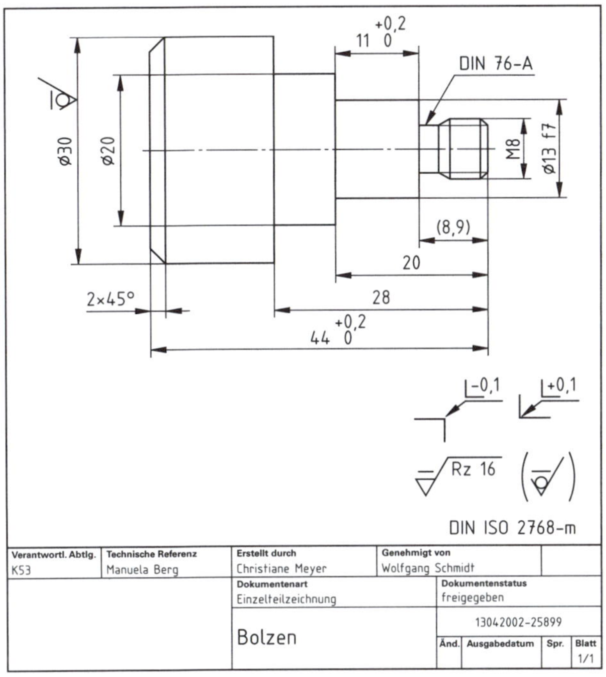

Projektbeschreibung

Der dargestellte Bolzen aus dem Werkstoff 11SMnPb30 soll aus einem Blankstahlerzeugnis $d = 30$ mm hergestellt werden. Nachdem das Rohmaterial auf eine Länge $l = 45$ mm abgesägt wurde, soll der Bolzen auf einer Leit- und Zugspindel-Drehmaschine gefertigt werden.

Die folgenden Aufgaben 1 bis 10 beziehen sich auf die Zeichnung „Bolzen". Die Aufgaben sind unabhängig voneinander lösbar.

Aufgabe 1

Das Werkstück soll mit HSS-Drehwerkzeugen hergestellt werden. Wie groß sind die Richtwerte der Schnittgeschwindigkeit v_c für das Schlichten?

① $v_c = 30 \ldots 60$ m/min

② $v_c = 40 \ldots 50$ m/min

③ $v_c = 20 \ldots 40$ m/min

④ $v_c = 60 \ldots 100$ m/min

⑤ $v_c = 120 \ldots 180$ m/min

Aufgabe 2

Mit welcher Formel wird die Hauptnutzungszeit t_h für das Drehen berechnet?

Aufgabe 3

Wie groß darf die maximale Länge l_{max} des Gesamtlängenmaßes $l = 20$ mm gefertigt werden?

① $l_{max} = 20$ mm

② $l_{max} = 20{,}2$ mm

③ $l_{max} = 20{,}3$ mm

④ $l_{max} = 20{,}15$ mm

⑤ $l_{max} = 20{,}8$ mm

Aufgabe 4

Welchen Durchmesser d_g besitzt der Gewindefreistich?

① $d_g = 8{,}7$ H13 mm

② $d_g = 6{,}9$ h13 mm

③ $d_g = 5{,}0$ h12 mm

④ $d_g = 6{,}3$ h13 mm

⑤ $d_g = 6{,}0$ h13 mm

Herstellung eines Bolzens

Aufgabe 5

Welche Bedeutung hat die dargestellte Sammelangabe in der Zeichnung?

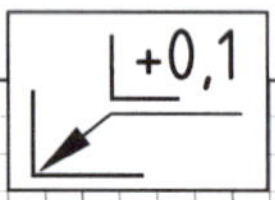

Aufgabe 6

Wie groß sollte der Vorschub f bei einem Eckenradius r = 0,8 mm gewählt werden, um die geforderte Rautiefe Rz zu erreichen?

① f = 0,1 mm

② f = 0,32 mm

③ f = 0,45 mm

④ f = 0,4 mm

⑤ f = 0,25 mm

Aufgabe 7

Bei der Bearbeitung entstehen zu lange Spiralspäne. Durch welche Maßnahme ist das Problem zu beseitigen?

① Vorschub f verkleinern

② Schnitttiefe verringern

③ Schnitttiefe erhöhen

④ Vorschub f erhöhen

⑤ Schnittgeschwindigkeit v_c erhöhen

Aufgabe 8

Nennen Sie das Höchstmaß G_{oW} und das Mindestmaß G_{uW} sowie das obere Abmaß es und das untere Abmaß ei des Durchmessers d = 13 f7.

Aufgabe 9

Welchen Kerndurchmesser d_3 besitzt das Gewinde M8?

① d_3 = 8,00 mm

② d_3 = 6,47 mm

③ d_3 = 4,77 mm

④ d_3 = 6,65 mm

⑤ d_3 = 8,16 mm

Aufgabe 10

Warum ist die Maßangabe (8,9) in Klammern gesetzt?

Herstellung einer Trägerplatte

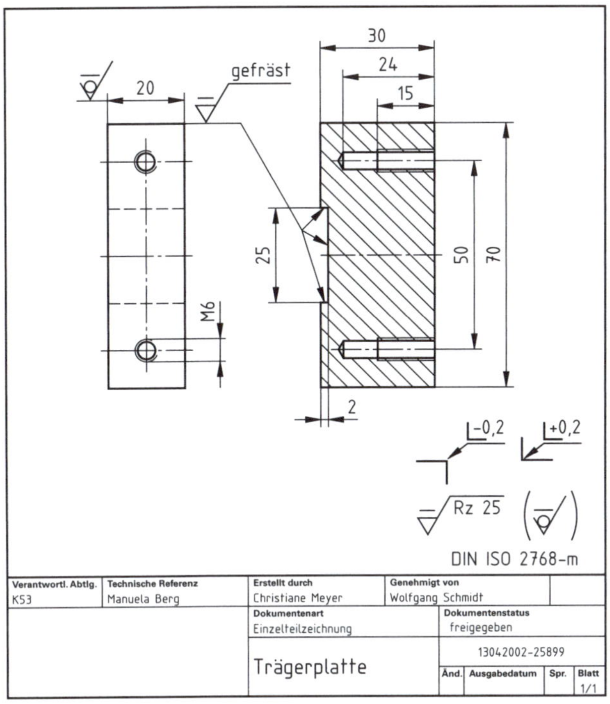

Projektbeschreibung

Die dargestellte Trägerplatte aus dem Werkstoff S235JRC (R_m = 400 N/mm²) soll aus einem Blankstahlerzeugnis hergestellt werden. Nachdem das Rohmaterial abgesägt wurde, soll die Trägerplatte auf einer Universalfräsmaschine gefertigt werden.

Die folgenden Aufgaben 1 bis 9 beziehen sich auf die Zeichnung „Trägerplatte". Die Aufgaben sind unabhängig voneinander lösbar.

Aufgabe 1

Die Bohrungen sollen mit einem beschichteten HSS-Spiralbohrer hergestellt werden. Wie groß sind die Richtwerte für die Schnittgeschwindigkeit v_c?

① v_c = 30 … 60 m/min

② v_c = 38 … 63 m/min

③ v_c = 20 … 60 m/min

④ v_c = 60 … 80 m/min

⑤ v_c = 50 … 70 m/min

Aufgabe 2

Welcher Spiralbohrertyp eignet sich besonders für die Herstellung der Bohrungen?

① Typ A

② Typ M

③ Typ N

④ Typ H

⑤ Typ W

Aufgabe 3

Berechnen Sie die Hauptnutzungszeit t_h für beide Kernlochbohrungen bei einer gewählten Schnittgeschwindigkeit v_c = 30 m/min (l_a = 1 mm), (f = 0,15 mm).

Herstellung einer Trägerplatte

Aufgabe 4

Welche Bedeutung hat die folgende Angabe?

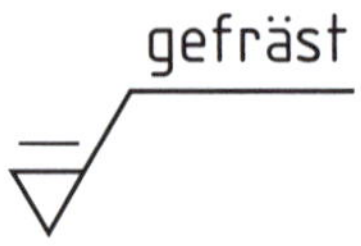

Aufgabe 5

Das Gewinde M6 soll mit einem Gewindebohrer aus HSSE-PM gefertigt werden. Wie groß sind die Richtwerte für die Schnittgeschwindigkeit v_c?

① v_c = 10…15 mm/min

② v_c = 14…16 mm/min

③ v_c = 20…30 mm/min

④ v_c = 30…50 mm/min

⑤ v_c = 50…70 mm/min

Aufgabe 6

Beim Fräsvorgang entsteht eine schlechte Oberflächengüte. Nennen Sie 3 Maßnahmen zur Beseitigung des Problems.

Aufgabe 7

Die Nut soll mit einem beschichteten HSS-Schaftfräser, Durchmesser d = 20 mm, hergestellt werden. Wie groß sind die Richtwerte für die Schnittgeschwindigkeit v_c und den Vorschub je Zahn f_z beim Schruppen?

① v_c = 40…50 m/min, f_z = 0,05 mm

② v_c = 100…120 m/min, f_z = 0,06 mm

③ v_c = 120…150 m/min, f_z = 0,05 mm

④ v_c = 70…80 m/min, f_z = 0,060 mm

⑤ v_c = 50…60 m/min, f_z = 0,05 mm

Aufgabe 8

Wie groß ist die einzustellende Drehzahl des Schaftfräsers d = 20 mm bei einer gewählten Schnittgeschwindigkeit v_c = 80 m/min?

① n = 426 1/min

② n = 709 1/min

③ n = 208 1/min

④ n = 1275 1/min

⑤ n = 378 1/min

Aufgabe 9

Wie groß ist das Mindestmaß des Längenmaßes l = 30 mm?

① 29,08 mm

② 29,80 mm

③ 29,07 mm

④ 29,70 mm

⑤ 30,20 mm

Tiefziehwerkzeug

Tiefziehwerkzeug

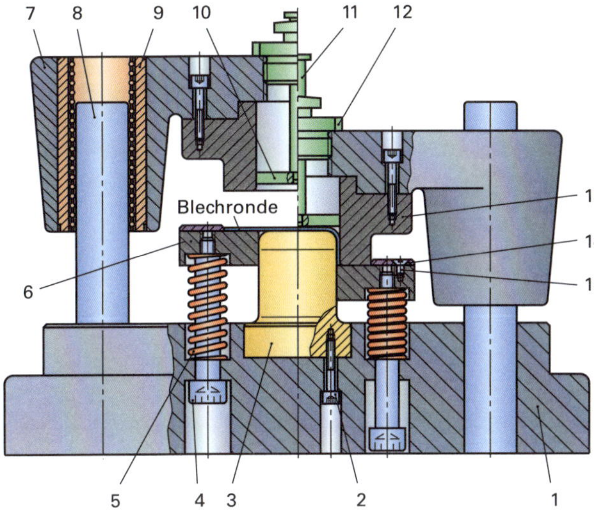

Projektbeschreibung

Mit dem dargestellten Tiefziehwerkzeug sollen 20000 Näpfe für die Leuchtenindustrie aus Al99,5 H111 mit einer Blechdicke von s = 2 mm laut Skizze hergestellt werden.

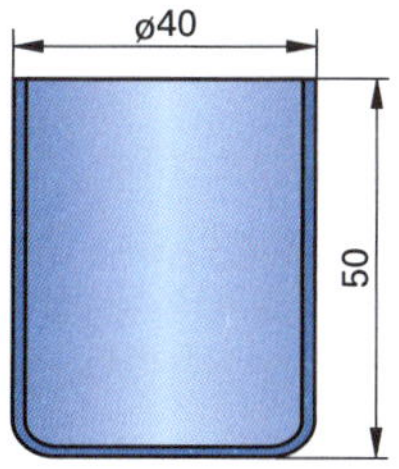

Die folgenden Aufgaben 1 bis 10 beziehen sich auf das dargestellte Tiefziehwerkzeug und die Skizze des Tiefziehteils. Die Aufgaben sind unabhängig voneinander lösbar.

Aufgabe 1

Welches Tiefziehverfahren ist im Bild dargestellt?

Aufgabe 2

Wie lautet die Benennung für die Pos. 3?

① Grundplatte

② Druckfeder

③ Ziehmatrize

④ Ausstoßer

⑤ Ziehstempel

Aufgabe 3

Berechnen Sie den Zuschnittdurchmesser D für das dargestellte Werkstück.

Aufgabe 4

Wie viele Ziehstufen sind für die Fertigung mindestens notwendig?

① 1 Ziehstufe

② 2 Ziehstufen

③ 3 Ziehstufen

④ 4 Ziehstufen

⑤ 5 Ziehstufen

Tiefziehwerkzeug

Aufgabe 5

Wie groß ist der Ziehspalt w?

① $w = 3{,}01$ mm

② $w = 2{,}50$ mm

③ $w = 2{,}09$ mm

④ $w = 2{,}11$ mm

⑤ $w = 1{,}89$ mm

Aufgabe 6

Berechnen Sie die Tiefziehkraft F_z.
($R_m = 95$ N/mm²)($\beta = 1{,}8$)

Aufgabe 7

Wie groß ist der Radius r_{st} am Ziehstempel?

① $r_{st} = 8$ mm ... 10 mm

② $r_{st} = 1$ mm ... 4 mm

③ $r_{st} = 12$ mm ... 14 mm

④ $r_{st} = 9$ mm ... 19 mm

⑤ $r_{st} = 2$ mm ... 3 mm

Aufgabe 8

Wie groß ist der Radius r_r am Ziehring?

Aufgabe 9

Nennen Sie drei typische Anwendungen für mechanische Tiefziehteile.

Aufgabe 10

Welcher Werkstoff eignet sich gut für die Herstellung des Niederhalters (Pos. 6)?

① S185

② S235JR

③ Al Mn1

④ 90Cr3

⑤ CuZn 30

Automatisierung eines Prüfstandes

Die Qualität von Schwingsesseln eines Einrichtungshauses wird in einem eigens hierfür konstruierten Prüfstand mittels zweier Pneumatikzylinder kontrolliert. Durch die Betätigung des Hauptventils und des Starttasters –SJ1 fährt der Zylinder –MM1 auf die Sitzfläche, belastet diese und betätigt in der Endstellung den Grenztaster –BG2. Dadurch fährt ein zweiter Pneumatikzylinder –MM2 aus, belastet die Rückenlehne und betätigt den Grenztaster –BG4. Zylinder –MM1 fährt in seine Ausgangsstellung zurück, betätigt –BG1 und bewirkt dadurch die Rückstellung von Zylinder –MM2.

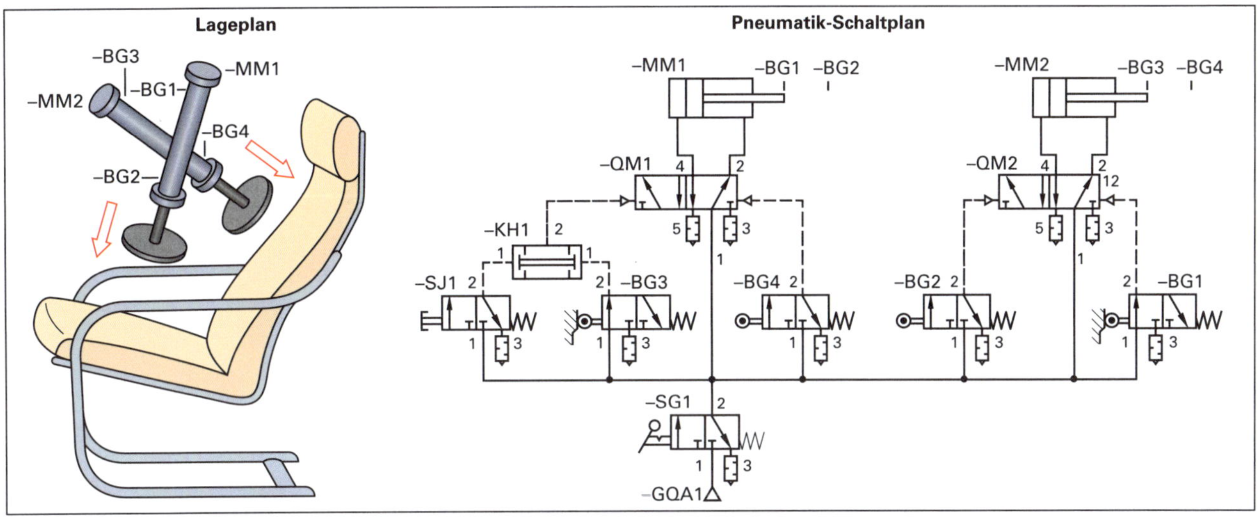

Die folgenden Aufgaben 1 bis 9 beziehen sich auf das Projekt „Prüfstand". Die Aufgaben sind unabhängig voneinander lösbar.

Aufgabe 1

Wie wird das Bauteil –KH1 bezeichnet?

① einfachwirkender Zylinder

② Hydraulik-Drehantrieb

③ Zweidruckventil

④ 5/2 Wegeventil

⑤ Druckbegrenzungsventil

Aufgabe 2

Vervollständigen Sie den Funktionsablauf/Schrittfolge (nicht genormt) der Schaltung.

Aufgabe 3

Benennen und skizzieren Sie ein Bauteil, durch das die Ausfahrgeschwindigkeit der Zylinder beeinflusst werden kann.

Aufgabe 4

Wie wird das Signalglied –BG2 betätigt?

① Druckknopf

② durch Pedal

③ Rollenstößel

④ pneumatisch, direkt

⑤ Rollenhebel, eine Betätigungsrichtung

Automatisierung eines Prüfstandes

Aufgabe 5

Die Steuerung des Schwingsesselprüfstandes erfolgt nun elektropneumatisch. Vervollständigen Sie die Schaltgliedertabellen im Stromlaufplan.

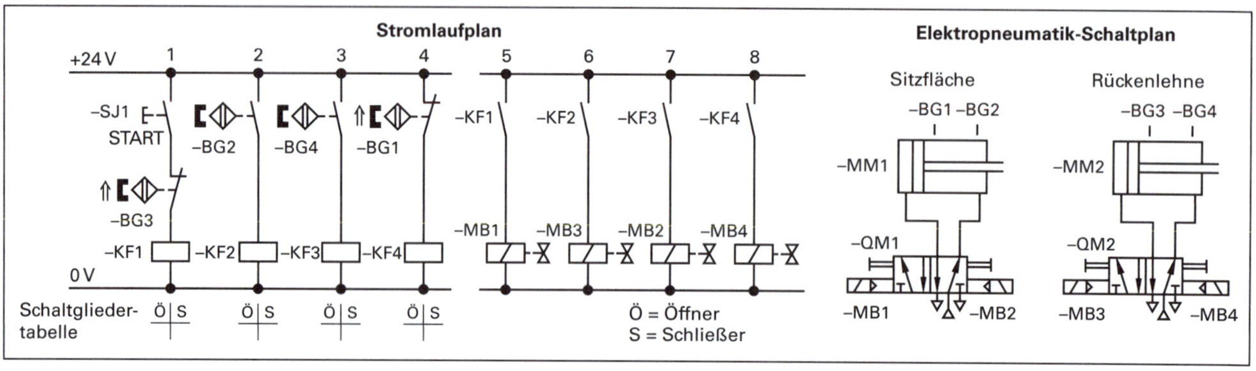

Aufgabe 6

Welche Bedeutung hat die gezeichnete Schaltstellung des Schaltzeichens –BG1?

____

____

____

Aufgabe 7

Welche Strompfade sind dem Hauptstromkreis zuzuordnen?

① 1, 2, 3, 4

② 2, 3, 4, 5

③ 3, 4, 5, 6

④ 4, 5, 6, 7

⑤ 5, 6, 7, 8

Aufgabe 8

Füllen Sie den Funktionsplan nach GRAFCET für die Steuerung des Schwingsesselprüfstandes aus.

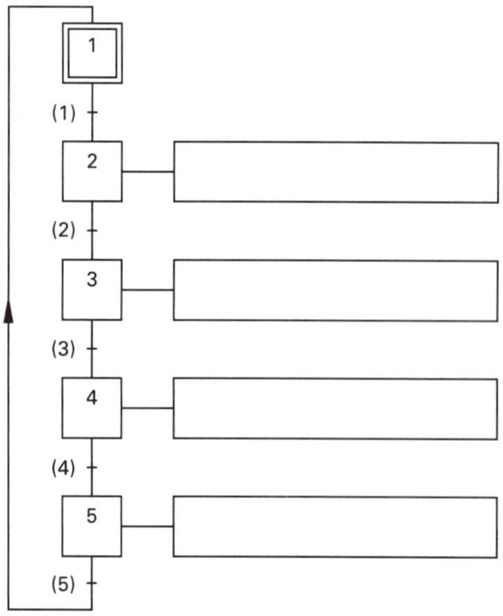

Aufgabe 9

Zeichnen Sie die Funktionstabelle für das Belasten der Sitzfläche sowie das entsprechende Logiksymbol.

Elektrohydraulische Bohrvorrichtung

Mit einer elektrohydraulischen Bohrvorrichtung werden Sacklöcher in Werkstücke gebohrt. Nach Betätigung des Starttasters –SJ1 wird das Werkstück im ersten Schritt mit dem Hydraulikzylinder –MM1 gespannt. Nun fährt der Bohrer (Hydraulikzylinder –MM2) im Eilgang zum Werkstück, wechselt nach Betätigung von –BG2 in den Arbeitsvorschub und bohrt das Sackloch. Ist die erforderliche Tiefe erreicht, fährt –MM2 im Eilgang in die hintere Endlage zurück. Anschließend fährt der Hydraulikzylinder –MM1 zurück und löst das Werkstück.

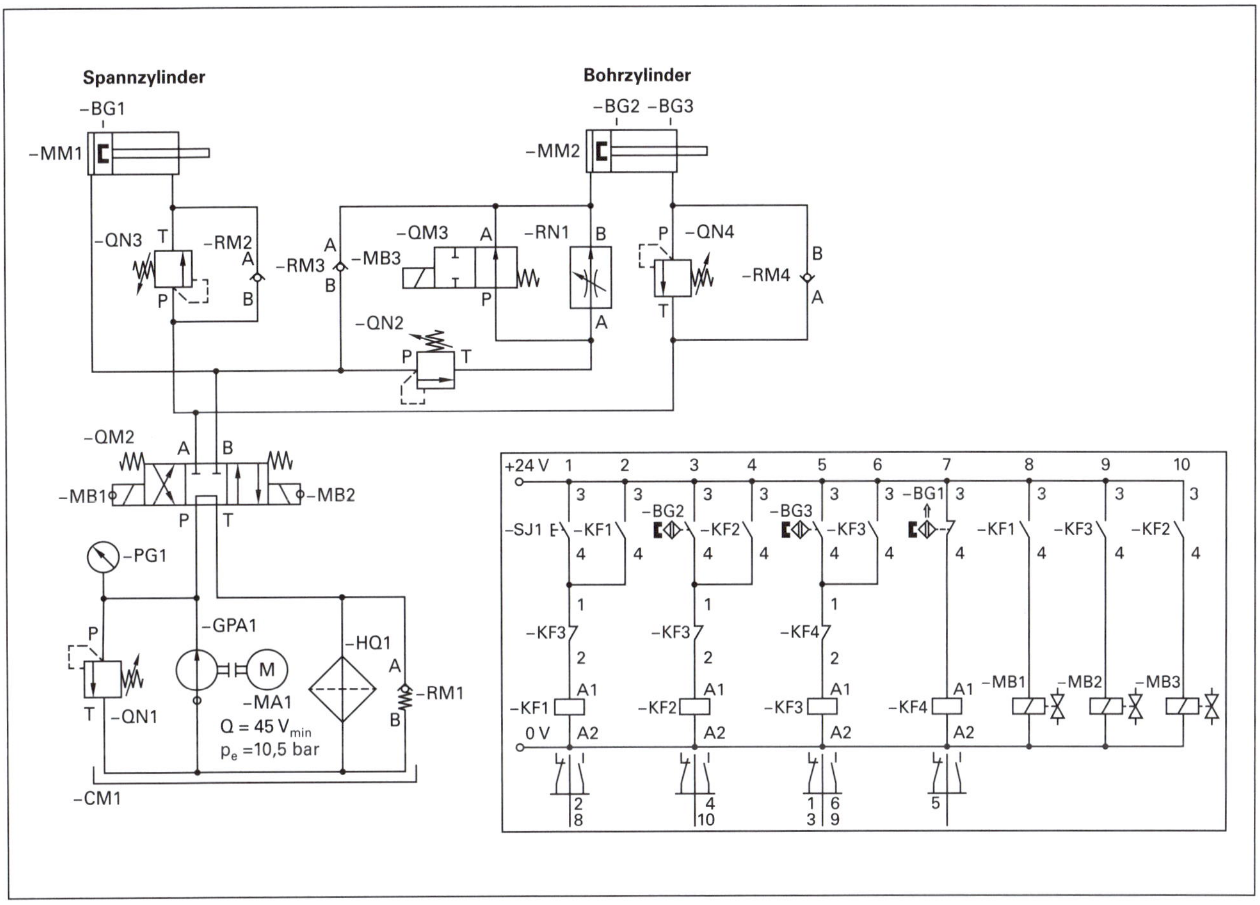

Die folgenden Aufgaben 1 bis 7 beziehen sich auf die dargestellte Bohrvorrichtung. Die Aufgaben sind unabhängig voneinander lösbar.

Aufgabe 1

Wie groß ist der notwendige Rohrdurchmesser d in mm, wenn die Strömungsgeschwindigkeit in der Druckleitung nicht größer als $v = 4{,}2$ m/s sein darf?

Elektrohydraulische Bohrvorrichtung

Aufgabe 2

Wobei handelt es sich bei der Komponente mit der Bezeichnung –MB3?

① Schalldämpfer

② Durchflusssensor

③ Ventilmagnet

④ Stößel

⑤ Umsetzer

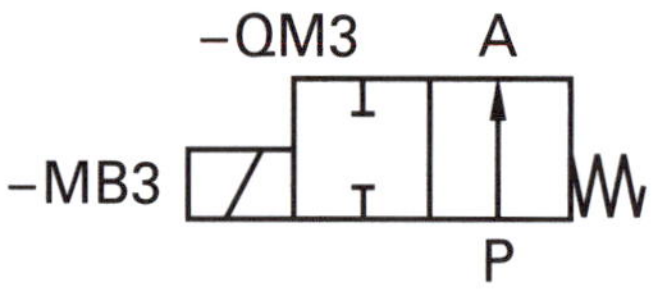

Aufgabe 3

Im Stromlaufplan sind in unterschiedlichen Strompfaden verschiedene Komponenten mit der gleichen Bezeichnung angeführt (Beispiel: –KF1 in Strompfad 1, 2 und 8). Liegt hier ein Fehler vor? Begründen Sie Ihre Antwort.

Aufgabe 4

Dem Stromlaufplan ist zu entnehmen, dass mit einer Schutzkleinspannung von 24 V gearbeitet wird. Wofür steht in diesem Zusammenhang die Abkürzung SELV?

① Savety Extra Low Voltage

② Sicheres Energielevel verwendet

③ Strom, Energie, Leitung, Volt

④ Sicher eingebundene Leitungsverbindung

⑤ Secure Energy Limit Voltage

Aufgabe 5

Um welches Schaltungselement handelt es sich bei der Komponente mit der Bezeichnung –BG1?

① Magnetischer Sensor (3-polig)

② Foto-elektrischer Sensor

③ Kapazitiver Sensor

④ Magnetischer Sensor (2-polig)

⑤ Grenztaster (berührungsempfindlich)

Aufgabe 6

Die Funktion der Stellung des Ventils –QM2 kann zusätzlich im Hydraulikplan angegeben werden. Welche Ergänzungen müssen hierfür bei –MB1 und bei –MB2 hinzugefügt werden?

Aufgabe 7

Der Wirkungsgrad der Pumpe beträgt $\eta = 0{,}81$. Wie groß ist die vom Motor an die Pumpe abgegebene Leistung?